Medizinische Informatik und Statistik

Herausgeber: S. Koller, P. L. Reichertz und K. Überla

11

Uwe Feldmann

Wachstumskinetik

Mathematische Modelle und Methoden
zur Analyse altersabhängiger
populationskinetischer Prozesse

Springer-Verlag
Berlin · Heidelberg · NewYork 1979

Reihenherausgeber
S. Koller, P. L. Reichertz, K. Überla

Mitherausgeber
J. Anderson, G. Goos, F. Gremy, H.-J. Jesdinsky, H.-J. Lange,
B. Schneider, G. Segmüller, G. Wagner

Autor
Uwe Feldmann
Medizinische Hochschule
Department für Biometrie und
Medizinische Informatik
Karl-Wiechert-Allee 9
3000 Hannover 61

ISBN 3-540-09258-7 Springer-Verlag Berlin · Heidelberg · New York
ISBN 0-387-09258-7 Springer-Verlag New York · Heidelberg · Berlin

CIP-Kurztitelaufnahme der Deutschen Bibliothek
Feldmann, Uwe:
Wachstumskinetik : math. Modelle und Methoden zur Analyse altersabhängiger populationskinet. Prozesse / Uwe Feldmann. - Berlin, Heidelberg, New York : Springer, 1979.
(Medizinische Informatik und Statistik ; Bd. 11)
ISBN 3-540-09258-7 (Berlin, Heidelberg, New York)
ISBN 0-387-09258-7 (New York, Heidelberg, Berlin)

This work is subject to copyright. All rights are reserved, whether the whole or part of the material is concerned, specifically those of translation, reprinting, re-use of illustrations, broadcasting, reproduction by photocopying machine or similar means, and storage in data banks.

Under § 54 of the German Copyright Law where copies are made for other than private use, a fee is payable to the publisher, the amount of the fee to be determined by agreement with the publisher.

© by Springer-Verlag Berlin · Heidelberg 1979
Printed in Germany
Druck- und Bindearbeiten: fotokop wilhelm weihert KG, Darmstadt
2145/3140 - 5 4 3 2 1 0

Meiner Frau Rosi gewidmet

Vorwort

Eine intensive Beschäftigung mit experimentellen und mathematischen Grundlagen der Wachstumskinetik ergab sich für mich aus einer Kooperation mit der Arbeitsgruppe für Experimentelle Radiologie der Medizinischen Hochschule Hannover. Diese Arbeitsgruppe untersucht unter experimentellen Bedingungen den Einfluß von chemischer und physikalischer Therapie auf das Zellzahlwachstum. Zur Interpretation vieler beobachteter Phänomene mußten mathematische Modelle der Wachstumskinetik unter besonderer Berücksichtigung von Altersabhängigkeiten angewendet werden.

In der Absicht, eine anwendungsorientierte mathematische Darstellung der altersabhängigen Populationskinetik zu erarbeiten, wurde ich durch eine Vorlesung über "Zellpopulationskinetik in Experiment und Klinik" bestärkt, die gemeinsam von Herrn Prof. Dr. G. Hagemann (Arbeitsgruppe für Experimentelle Radiologie), Herrn Privatdozent Dr. H. Renner (Abteilung für Strahlentherapie) und mir im WS 76/77 an der Medizinischen Hochschule Hannover abgehalten wurde. Die Vorlesung zeigte, daß in absehbarer Zeit entsprechende mathematische Modelle auch zur Unterstützung der Therapie von Tumoren anwendbar sind, bisher allerdings können die zur Verifikation eines solchen Modells erforderlichen In-Vivo-Messungen nicht vorgenommen werden. In Tierversuchen werden bereits mathematische Modelle zur Bestimmung der Wachstumsparameter bei der Karzinogenese eingesetzt, auf die mich Herr Privatdozent Dr. W. Lang (Institut für Pathologie) aufmerksam machte und dem ich für die Überlassung von Meßdaten bei renalen Sarkomen an Ratten danke.

Die vorliegende Arbeit gibt den Inhalt meiner Habilitationsschrift für das Fach "Biomathematik" wieder, die unter dem Titel "Ein allgemeiner Ansatz zur mathematischen Darstellung altersabhängiger populationskinetischer Prozesse mit Anwendungen in der Medizin" im Jahre 1977 an der Medizinischen Hochschule Hannover vorgelegt wurde. Die ursprüngliche Schrift ist insbesondere bei der Analyse von Multi-Compartmentmodellen um einige Beispiele erweitert worden, deren Programmierung von Herrn Dipl.Math. D. Nolte übernommen wurde. Den Referenten Prof. Dr. H.J. Kretschmann (Abteilung für Anatomie), Prof. Dr. P.L. Reichertz (Abteilung für Medizinische Informatik) und Prof.

Dr. F. Wingert (Institut für Medizinische Informatik und Biomathematik, Universität Münster) danke ich für das persönliche Interesse an dieser Habilitationsschrift, das mir in vielen Diskussionen entgegengebracht wurde und deren Ergebnisse in der vorliegenden Schrift berücksichtigt wurden.

Mein besonderer Dank gilt Herrn Prof. Dr. B. Schneider (Abteilung für Biometrie) für viele wertvolle Anregungen über den mathematischen Aspekt der Populationskinetik.

Die vorliegende Monographie soll einen konstruktiven Zugang zur strukturellen und funktionalen Beschreibung altersabhängiger populationskinetischer Prozesse aufzeigen und gleichzeitig den Realitätsbezug zwischen mathematischem Modell und biologischem Experiment wahren.

Hannover, im Frühjahr 1979   Uwe Feldmann

Inhaltsübersicht

	Seite
I. *Einführung*	1
1. Problemstellung	1
2. Mathematische Modelle	2
3. Strukturmodelle zur Populationskinetik	4
II. *Altersunabhängige Ansätze*	14
1. MALTHUS-Wachstum	16
1.1. Verteilung der Aufenthaltszeit und der Generationszeit	18
2. VERHULST-Wachstum	21
2.1. Aufenthaltszeit-Verteilung bei VERHULST-Wachstum	24
3. Das Interphasenmodell	26
4. Proliferations-Fraktion und Markierungs-Index	28
4.1. Markierung durch Infusion	30
4.2. Markierung durch einmalige Applikation	32
5. Geschlechtliche Vermehrung	33
6. Konkurrierende Populationen	35
III. *Das altersabhängige Ein-Compartmentmodell*	40
1. Das diskrete stochastische Modell	42
2. Bestimmung der Populationsmatrix	45
3. Stetiger Übergang	48
4. Altersabhängiges MALTHUS-Wachstum	50
4.1. Die BELLMAN-HARRIS Integralgleichung	53
4.2. Die Differential-Differenzengleichung	55
5. Übergangsraten und Generationszeit-Verteilung	57
6. Numerische Bestimmung der Generationszeitverteilung am Beispiel von CHO-Fibroblasten	58
7. Wachstum von CHO-Fibroblasten	63
8. Stabiles Wachstum	65
8.1. Stabiles Wachstum bei konstanten Übergangsraten	68
8.2. Stabiles Wachstum bei CHO-Fibroblasten	68
9. Synchronisation	73
10. Bestrahlung bei CHO-Fibroblasten	77
11. Stochastische Simulation von Koloniegrößen-Spektren	80
12. Zeit- und altersabhängige Übergangsraten	83
12.1. Altersabhängiges VERHULST-Wachstum	84

	Seite
13. Stochastische Abhängigkeit der Zykluszeiten bei Mutter- und Tochterzellen	86
14. Geschlechtliche Vermehrung	88

IV. *Das altersabhängige Multi-Compartmentmodell*   93
    1. Der allgemeine VON FOERSTER-Ansatz   95
    2. Das Multi-Compartmentmodell Typ A   98
    3. Das Multi-Compartmentmodell Typ B   100
    4. Das altersabhängige MALTHUS-Modell   101
    5. Stabiles Wachstum und Synchronisation bei MALTHUS-Modellen   104
    6. Gesamt-Aufenthaltszeiten in MALTHUS-Modellen   107
    7. Synchronisations-Experiment bei CHO-Fibroblasten   109
       7.1. Mitose-Index bei CHO-Fibroblasten   111
    8. Markierungs-Experiment bei renalen Sarkomen   116
       8.1. Prozentuale markierte Mitosen bei renalen Sarkomen   118
       8.2. Markierungs-Index und Mitose-Index   123
    9. Weitere Anwendungen   126

V. *Literaturhinweise*   129

VI. *Zusammenfassung*   134

VII. *Schlagwort-Katalog*   135

I. Einführung

I.1 Problemstellung

In dieser Arbeit wird ein methodischer Ansatz zur mathematischen Darstellung der Populationskinetik vorgelegt.

Unter einer Population verstehen wir eine definierte Gesamtheit von Individuen. Bei medizinischen Anwendungen können diese Individuen Menschen, Tiere, Mikroorganismen, Zellen aber auch Arzneimittel-Moleküle sein. Eine Population wird möglicherweise in Subpopulationen strukturiert. Es kann sich dabei um Individuen verschiedener Spezies, jedoch auch um Individuen der gleichen Art handeln, die sich in unterschiedlichen Zuständen befinden. Bei der Darstellung gewisser Infektionskrankheiten bilden Parasiten und ihre Wirte eine Population (1), während bei Epidemien gefährdete, infektiöse und immune Personen als Teilpopulationen betrachtet werden können (4).

Als Meßgröße dient die Anzahl der Individuen, die zu einer bestimmten Zeit die Population oder die Teilpopulation bilden. Populationskinetik ist das zeitliche Verhalten einer Population.

In der Literatur werden die Begriffe Populationskinetik und Populationsdynamik gleichbedeutend verwendet. Ein in der Medizin zu den Standardanwendungen zählender Spezialfall der Populationskinetik ist die Pharmakokinetik (20). Hier wird das zeitliche Verhalten von Arzneimitteln in den einzelnen Verteilungsräumen des menschlichen Organismus untersucht. Die Pharmakodynamik beinhaltet dagegen die zeit- und dosisabhängige Wirkung von Arzneimitteln auf den Gesamtorganismus (26). In Analogie hierzu wäre es angebracht, von Populationsdynamik dann zu sprechen, wenn eine gewisse Wirkung der Population auf ihre Umgebung vorliegt.
Eine wichtige Anwendung der Populationskinetik in der Medizin ist ferner die Analyse der Wachstumskinetik, insbesondere auf dem Gebiet der Karzinogenese.
In dieser Arbeit sollen die grundlegenden Methoden zur mathematischen Formulierung der Populationskinetik wiedergegeben werden. Vor allem geht es dem Autor darum, eine geschlossene mathematische Theorie vorzustellen, die es erlaubt, auch solche Kinetiken zu beschreiben, die wesentlich von der Altersstruktur der Individuen geprägt sind. Betrachtet man etwa das Bevölkerungswachstum, so ist nicht nur die

zeitliche Entwicklung der Gesamtbevölkerungszahl, sondern vielmehr die zeitliche Entwicklung der Altersstruktur dieser Bevölkerung von entscheidender Bedeutung.

Auch im engeren medizinischen Bereich, etwa bei der Betrachtung von Inkubationszeiten bei Infektionskrankheiten oder von Zykluszeiten in der Zellpopulationskinetik, ist die Berücksichtigung eines relativen Zeitmaßes, das die Aufenthaltsdauer eines Individuums in einer bestimmten Teilpopulation repräsentiert, zur mathematischen Erklärung gewisser beobachtbarer Phänomene unbedingt erforderlich.

Ein für die Karzinogenese, speziell bei der Therapie von Tumoren, wichtiger Effekt ist der der Synchronisation. Es wird davon ausgegangen, daß in natürlichen Zellpopulationen eine spezifische Altersstruktur vorliegt. Besonders empfindlich auf physikalische Therapie reagieren solche Zellen, die sich im Stadium der Mitose befinden. Durch bestimmte Synchronisations-Therapie-Schemata wird versucht, die natürliche Altersstruktur der Zellen in der Weise zu verändern, daß zum Zeitpunkt der Haupt-Therapie ein möglichst großer mitotischer Zellanteil besteht und somit letal geschädigt werden kann (41).

Durch die vorliegende Arbeit ist ein allgemeiner mathematischer Ansatz zur Darstellung der altersabhängigen Populationskinetik gegeben, der auch den Effekt der Synchronisation erklärt. Die angewandte Methodik kann als eine Verallgemeinerung der in der Pharmakokinetik bekannten Compartmentanalyse auf altersabhängige kinetische Prozesse aufgefaßt werden. Sie berücksichtigt kinetische Reaktionen und Wechselwirkungen beliebiger Ordnung sowie den stochastischen Aspekt der Populationskinetik.

I.2 Mathematische Modelle

Es stellt sich das Problem, biologisch-medizinische Gesetzmäßigkeiten der Populationskinetik adäquat zu beschreiben.

Letztlich ist die Sprache, in der solche Prozesse eindeutig formuliert werden können, die Sprache der Mathematik. Eine Mathematisierung setzt jedoch eine profunde Kenntnis der Struktur und der chemophysikalischen Eigenschaften des beobachteten biologischen Systems voraus. Wegen der Komplexität biologischer Prozesse wird eine solche Kenntnis niemals vollständig sein, sondern sich in einem Modell niederschlagen, das die für eine bestimmte Fragestellung wesentlichen Eigenschaften des biologischen Systems zu erklären sucht und diese durch mathematische Algorithmen darstellt.

In diesem Sinne ist ein mathematisches Modell eine Abbildung der Realität in die Mathematik. Wesentlich dabei ist, daß die Parameter des Algorithmus physiologischen Kenngrößen des biologischen Systems entsprechen.

Die Realität erkennen wir durch Messungen am biologischen System. Die Meßgrößen werden im Modell durch den mathematischen Algorithmus, eine eindeutige und widerspruchsfreie Rechenvorschrift, miteinander verknüpft. Das Ergebnis dieser Verknüpfung braucht jedoch nicht notwendig eindeutig zu sein. Neben deterministischen Modellen werden auch stochastische Modelle betrachtet, die die zufälligen Umwelteinflüsse auf die Population berücksichtigen.

Die Frage nach dem "richtigen" Modell stellt sich innerhalb der Mathematik nicht, sie entspringt einer anderen Denkkategorie. Jedoch können Kriterien genannt werden, nach denen mathematische Modelle klassifiziert und bewertet werden.

Für eine solche Bewertung ist die jeweilige Fragestellung ausschlaggebend. Will man lediglich die Messungen am biologischen System möglichst genau durch Berechnungen am Modell wiedergeben, dann genügen deskriptive Modelle, wie sie etwa die multiple lineare Regressionsanalyse bietet, bei denen die Modellparameter im allgemeinen reine Rechengrößen sind. Soll darüber hinaus das biologische Geschehen interpretiert werden, dann müssen den Modellparametern entsprechende physiologische Kenngrößen des biologischen Systems zugeordnet sein. Beispiele solcher interpretativen Modelle finden sich etwa in der Pharmakokinetik (DOST 1968, [20]), in denen die Parameter als relative Invasions- oder Eliminationsgeschwindigkeiten angesehen werden.

Bei konkreten biologischen Anwendungen sollte das Ziel eines Modellansatzes darin bestehen, die Messungen am System mit möglichst wenigen aber experimentell reproduzierbaren Modellparametern zu beschreiben, um so die Vielzahl experimenteller Daten durch wenige jedoch biologisch relevante und quantifizierbare Aussagen zu erklären.

Mathematische Modelle werden zur Simulation und zur Approximation biologischer Systeme verwendet. Mit Simulationsmethoden wird das Verhalten des biologischen Systems bei vorgegebenen Modellparametern nachgebildet, während bei der Approximation die Modellparameter aus den experimentellen Meßdaten geschätzt werden. Beruht diese Schät-

zung auf mathematisch-statistischen Verfahren, so ist es möglich, die
Variabilität der Parameter zu bestimmen und somit Aussagen über die
Relevanz dieser Parameter innerhalb des Modells zu treffen.

Der Nutzen interpretativer Modelle ist unter zwei Aspekten zu sehen.
Zunächst können biologisch-naturwissenschaftliche Begriffe durch das
Modell eindeutig definiert werden; ein Beispiel ist der grundlegende
Begriff der "Clearance", den F.H. DOST in die Pharmakokinetik eingeführt hat. Andererseits werden beobachtbare biologische Effekte durch
das Modell erklärt. Gegebenenfalls können durch Analyse des Modell-
verhaltens auch Effekte vorhergesagt werden, die erst nachträglich
durch gezielte Versuchsanordnungen experimentell verifiziert werden.

Jedes Modell ist jedoch an Voraussetzungen gebunden, die in der for-
malen Umsetzung biologischer Eigenschaften in mathematische Algorithmen begründet liegen und damit das Anwendungsgebiet sowie den Gül-
tigkeitsbereich des Modells begrenzen. Aber gerade dieser Umstand ist
positiv zu bewerten, denn die über ein Modell getroffenen Annahmen
können eindeutig formuliert und zur Diskussion gestellt werden.
Wesentlich für die Konstruktion von Modellen ist ferner, daß die
Struktur des biologischen Geschehens unabhängig von der mathematischen Beschreibung der funktionalen Zusammenhänge dieser Struktur
dargestellt werden kann. Dies soll im folgenden Abschnitt am Beispiel der Zellpopulationskinetik veranschaulicht werden. Die Beschreibung funktionaler Zusammenhänge erfolgt im Hauptteil.

I.3 Strukturmodelle zur Populationskinetik

In diesem Abschnitt soll zunächst die Struktur eines populationskinetischen Prozesses getrennt von seinen durch mathematische Algorithmen gegebenen funktionalen Abhängigkeiten betrachtet werden.

Wie schon einleitend erwähnt, wird unter Population eine Gesamtheit
von Individuen verstanden, die bei medizinischen Anwendungen kranke
oder gesunde Menschen, Tiere, Mikroorganismen, Zellen oder auch Arzneimittel-Moleküle sein können. Die Meßgröße für eine Population ist
primär die Anzahl von Individuen $Y(t)$, die zur Zeit t die Population
bilden. Aber $Y(t)$ kann auch ein abgeleitetes Maß sein, wie etwa die
Masse oder das Gewicht dieser Individuen.
Die Abhängigkeit einer Population von irgendwelchen Einflüssen wird

im allgemeinen durch eine oder mehrere Zustandsgrößen x gekennzeichnet (90). Solche Zustandsgrößen x können diskrete Ausprägungen haben, etwa "Ein Patient ist gesund (x=1) oder krank (x=0)", "Ein Versuchstier ist lebendig (x=1) oder tot (x=0)", "Ein Pharmakon befindet sich im Blutkreislauf (x=2), in der Leber (x=1) oder in der Galle (x=0)", aber Zustandsgrößen können auch stetige Meßgrößen wie etwa das Lebensalter oder die Lokalisation eines Individuums beschreiben.

Der bekannteste und in der Medizin bereits zur Standardmethode gewordene diskrete populationskinetische Ansatz ist die Compartmenttheorie in der Pharmakokinetik (20,82). Hier beschreibt die Zustandsgröße x das Vorhandensein eines Pharmakons oder seines Metaboliten in einem realen oder fiktiven Verteilungsraum des menschlichen Organismus. Ein solcher Verteilungsraum, etwa der Blutkreislauf, die Leber, das Plasma oder das Serum, wird als Compartment [Hartment] bezeichnet. Eine abgeschlossene Multi-Compartment-Theorie für die Pharmakokinetik und Pharmakodynamik sowie entsprechende Literaturhinweise finden sich in (26), so daß auf die Pharmakokinetik hier nicht näher eingegangen zu werden braucht.

Allgemein wird in der Populationskinetik eine durch eine diskrete Zustandsgröße definierte Teilpopulation als Compartment bezeichnet. Strukturmodelle beschreiben die möglichen Übergänge zwischen den Compartments (siehe Abb. 1 bis Abb. 8). Die Individuen eines Compartments zeichnen sich dadurch aus, daß sie den gleichen kinetischen Gesetzmäßigkeiten unterliegen. Diese Gesetzmäßigkeiten werden in den nächsten Kapiteln aufgezeigt. Im folgenden sollen einige Strukturmodelle zur Zell-Populationskinetik aufgeführt werden.

Das Grundmodell der Zellteilung kann als 1-Compartmentmodell dargestellt werden. Hier werden zwei Zustandsgrößen betrachtet, einmal der Zustand lebend oder tot und zum anderen die Zustandsgröße "Alter der Zelle" (Abb. 1). Wir betrachten nur die Teilpopulation der lebenden Zellen und bezeichnen ihre Altersdichte-Funktion mit $y(t,a)$, wobei t die absolute Zeit und a das Alter der Zelle ist. Dann ist $y(t,a) \cdot da$ die Anzahl der Zellen, die sich zur Zeit t in der Altersklasse $(a, a+da)$ befinden und

$$Y(t) = \int_0^\infty y(t,a)\,da$$

die Gesamtzahl der lebenden Zellen zur Zeit t.

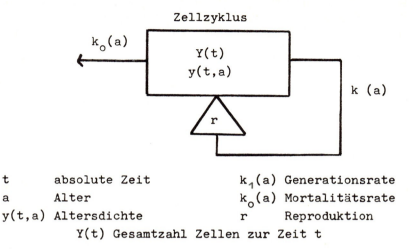

t	absolute Zeit	$k_1(a)$	Generationsrate
a	Alter	$k_0(a)$	Mortalitätsrate
$y(t,a)$	Altersdichte	r	Reproduktion
	$Y(t)$ Gesamtzahl Zellen zur Zeit t		

Abb. 1. Grundmodell des Zellzyklus

In dem einfachen Strukturmodell der Zellteilung wird das Verhalten einer Zellpopulation dargestellt. Eine Zelle, die sich zur Zeit t im Alter a befindet, kann entweder durch Tod (Mortalitätsrate $k_0(a)$) oder durch Zellteilung (Generationsrate $k_1(a)$) den Zellverband verlassen oder sie kann altern. Ist eine Zellteilung erfolgt, dann werden r Tochterzellen (im allgemeinen r=2) mit dem Alter a=0 in den Zellverband aufgenommen. Die Mortalitätsrate oder die Generationsrate können außer vom Alter noch von der Zeit, der Zellzahl selbst, jedoch auch von anderen Einflußgrößen, wie etwa der Lokalisation oder therapeutischen Maßnahmen, abhängig sein.

Eine Differenzierung des Zellzyklus in zwei Compartments, also zwei Zustände, die getrennt beobachtet werden können, gibt das seit langem bekannte Interphasenmodell (Abb. 2). Hier hat die diskrete Zustandsgröße die Ausprägungen "Eine Zelle befindet sich in der Interphase (x=1), in der Mitose (x=2) oder ist tot (x=0)".

In diesem 2-Compartmentmodell befindet sich die Zelle zunächst in der Interphase und hat in Abhängigkeit von ihrem Alter und anderen Einflußgrößen die Möglichkeit, entweder zu sterben (Mortalitätsrate k_{10}) oder in den Zustand der Mitose überzugehen (Übergangsrate k_{12}). Die Zelle verläßt den Zustand der Mitose entweder durch Tod (Mortalitätsrate k_{20}) oder durch Zellteilung (Generationsrate k_{21}), dabei

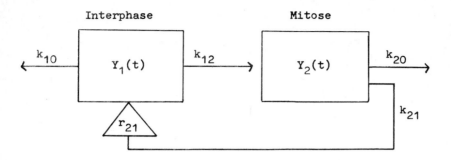

k_{ij} Übergangsrate vom i-ten Compartment in das j-te Compartment
k_{io} Übergangsrate vom i-ten Compartment in das Systemäußere (Tod)
r_{21} Reproduktion
$Y_i(t)$ Gesamtzahl Zellen im i-ten Compartment zur Zeit t

Abb. 2. Interphasen-Modell der Zellteilung

treten r Tochterzellen (im allgemeinen r=2) mit dem Alter a=0 in die Interphase ein (Reproduktionsrate $r \cdot k_{21}$).

Die Bestimmung der Dauer der Mitosephase erfolgt experimentell entweder durch morphologische Beobachtungen oder durch UV-Absorption an Zellkernsäure (70). Die Mitosephase, die etwa 5% bis 10% der gesamten Zellzyklusdauer beträgt, kann nach Chromosomen-Konfiguration in die vier Subphasen Prophase, Metaphase, Anaphase und Telophase unterteilt werden.

Die Grundlage der modernen Zellbiologie ist die experimentelle Entdeckung von HOWARD und PELC 1953 (44), daß die Verdopplung der Desoxyribonukleinsäure - DNS - eine gesonderte Subphase innerhalb der Interphase darstellt. Damit ist das heute als klassisch bezeichnete 4-Phasenmodell des Zellzyklus gegeben (Abb. 3), in dem die Zustände der Nachmitose (-G1-), der DNS-Synthese (-S-), der Vormitose (-G2-) und der Mitose (-M-) getrennt als Compartments angesehen werden.

Die experimentelle Bestimmung der Aufenthaltszeiten einer Zelle in den vier Subphasen wird durch Markierungsexperimente nach QUASTLER und SHERMAN 1959 (81) durchgeführt. Zu diesem Experiment hat BARRETT 1966 (5) ein mathematisches Modell entwickelt, das mit Verfeinerungen

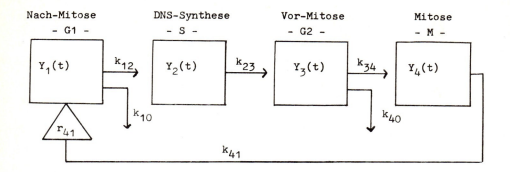

Abb. 3. *Vier-Phasen-Modell der Zellteilung*

(91,92,6) auch in der Medizinischen Hochschule Hannover (58) bei der numerischen Auswertung experimentell ermittelter Tumor-Wachstumskurven benutzt wird. Diese Verfeinerungen beruhen hauptsächlich auf der Entdeckung von MENDELSOHN 1960 (71,72), daß sich in einem Zellverband proliferierende und nichtproliferierende Teilpopulationen unterscheiden lassen. Letztere sind solche Zellen (Q-Zellen), die sich nicht oder erst nach längerer Zeit wieder aktiv am Zellzyklus beteiligen (Abb. 4). Der Anteil der proliferierenden Zellen (P-Zellen) bezogen auf die Gesamtzahl der Zellen wird Wachstums-Anteil (71) oder Proliferations-Anteil (56) genannt.

MENDELSOHN nahm an, daß nach der Mitose einige der Tochterzellen in den nicht proliferierenden Zustand (Q-Compartment) übergehen, in dem sie auch verbleiben. Ein solches Strukturmodell für den Zellzyklus kann weiter differenziert werden (19,83), unter der Annahme, daß zwei Q-Compartments existieren (Abb.4).

Allerdings sind bisher nur Simulationsergebnisse (83) für das Verhalten eines solchen komplexen Modells bekannt. Es stellt sich schon hier die Frage nach der Meßbarkeit, die es erlaubt, entsprechende Übergangsraten zu quantifizieren.

In eine andere Richtung gehen Zellzyklusmodelle unter der experimentellen Erfahrung, daß Abhängigkeiten des Zellzyklus von der Zellgeneration (Abb. 5) oder im Verhalten von Schwesterzellen (Abb. 6) bestehen.

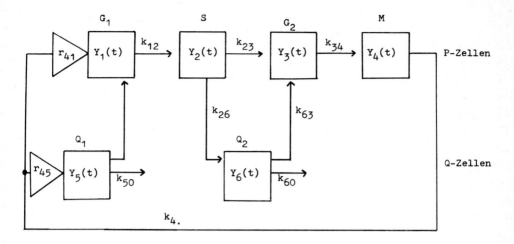

Abb. 4. *Vier-Phasen-Modell für den Zellzyklus mit zwei nicht prolifierierenden Compartments Q1-Q2*

Zell-Generationen

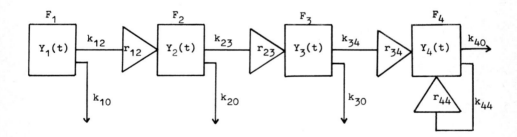

Abb. 5. *Strukturmodell für die Abhängigkeit der Zykluszeiten von der Zellgeneration*

Solche Abhängigkeiten der Zellzykluszeiten von der Zellgeneration bestehen bei In-Vitro-Experimenten (85) besonders dann, wenn die erste Zell-Generation, die sogenannte F_o-Generation, chemisch behandelt wurde. Sie sind jedoch im allgemeinen nach der 4. Generation nicht mehr erkennbar.

Anders verhält es sich mit der experimentell gefundenen (45,78,53) stochastischen Abhängigkeit der Zellzykluszeiten bei Mutter- und Toch-

terzellen. Diese Abhängigkeiten sind nicht in einem Strukturmodell
explizit darstellbar, sondern müssen durch das mathematische Modell
beschrieben werden. Dieser funktionale Zusammenhang wird in Kapitel
III hergeleitet, ein entsprechender mathematischer Ansatz findet sich
in (60). Eine ähnliche stochastische Abhängigkeit der Aufenthaltszeiten einer Zelle in den verschiedenen Zellphasen wurde bei In-Vitro-
Experimenten von KILLANDER-ZETTERBERG 1965 (51) gefunden. Den Versuch die ebenfalls empirisch gefundene Abhängigkeit der Zykluszeiten
von Schwesterzellen (54,74,84) strukturell darzustellen, stellt Abb.6
dar.

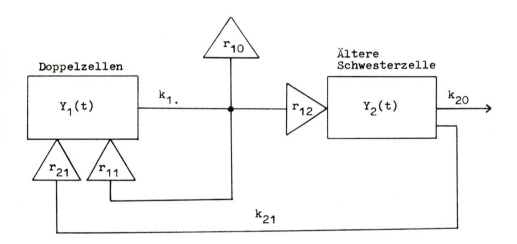

Abb. 6. *Strukturmodell für die Abhängigkeit der Zykluszeiten von Schwesterzellen*

Wir betrachten zunächst die beiden Schwesterzellen als Doppelzelle
und damit populationskinetisch als ein Individuum; $Y_1(t)$ ist also
die Anzahl der Doppelzellen zur Zeit t. Doppelzellen hören auf zu
existieren (Generationsrate $k_1.$), falls eine Zelle stirbt (Todesra-
te $r_{10} \cdot k_1.$), oder in Teilung übergeht (Geburtenrate $r_{11} \cdot k_1$), wobei
eine Doppelzelle erzeugt wird, die in das erste Compartment gelangt.
In jedem Fall entsteht eine ältere Schwesterzelle (Übergangsrate
$r_{12} \cdot k_1.$), die in das zweite Compartment übergeht. Diese stirbt (To-
desrate k_{20}) oder erzeugt wiederum eine Doppelzelle (Generationsrate
k_{21}), die in das erste Compartment zurückgelangt. Dabei gilt

$$r_{10} + r_{11} + r_{12} = 2 \text{ und } r_{21} = 1.$$

Neben diesem strukturellen Zusammenhang kann noch die stochastische
Abhängigkeit der Zykluszeit der jüngeren Schwesterzelle (1. Compartment) mit der Überlebenszeit der älteren Schwesterzelle (2. Compartment) in einem entsprechenden mathematischen Modell berücksichtigt
werden.

Im Strukturmodell (Abb. 6) wurde eine Population betrachtet, die aus
zwei Subpopulationen mit Individuen verschiedenen Typs, nämlich Doppelzellen und Einzelzellen, besteht. Solche Mehr-Typen-Populationen
findet man auch bei der gleichzeitigen Betrachtung von Karzinom- und
Normalzellen (Abb. 7), bei der Betrachtung von markierten und unmarkierten Zellen (Abb. 8) sowie bei Modellen für konkurrierende Populationen, etwa Räuber-Beute-, Wirts-Parasiten- und Wirts-Saprophagen-
Modellen, auf die in Kapitel II näher eingegangen wird.

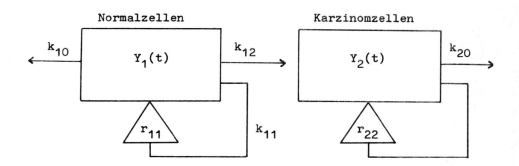

Abb. 7. Strukturmodell für eine Zwei-Typen-Population

Der stochastische Übergang von Normalzellen zu Karzinom-Zellen ist
insbesondere von NEYMAN-SCOTT 1967 (73) mathematisch dargestellt
worden. Umfangreiche Literaturangaben zu diesem Gebiet finden sich
in (22). Jedoch haben diese Modelle bisher noch überwiegend akademi-
schen Charakter, da entsprechende Meßwerte fehlen.

Die wichtigste Methode zur experimentellen Analyse von Wachstums-
vorgängen in vitro bilden Markierungsversuche. Es werden dabei solche radioaktiven Substanzen (etwa ^{3}H-Thymidin) zur Markierung verwendet, die während der DNS-Synthese von der Zelle aufgenommen werden

(81). Gemessen wird bei einmaliger Applikation der Markierung das
Verhältnis von markierten Mitosezellen zu der Gesamtzahl der Mitosezellen (PLM = Percentage Labeled Mitoses) und bei Dauerapplikation
der Markierung das Verhältnis von markierten Zellen zu der Gesamtzahl vorhandener Zellen (LI = Labelling Index) in Abhängigkeit von
der Zeit. Eine empfehlenswerte Zusammenstellung der experimentellen
Methoden findet sich in (2).

Die Messungen führen bei Anwendung entsprechender mathematischer Modelle (5,99,93,6,92) zu quantitativen Aussagen über die Wachstumsparameter. Weitere Literaturhinweise finden sich bei JAGERS 1975 (47).
Abb. 8 zeigt das Grund-Strukturmodell zu Markierungsverfahren, bei
dem die beiden Populationen jeweils noch nach dem Schema Abb. 4 in
Subpopulationen unterteilt werden können.

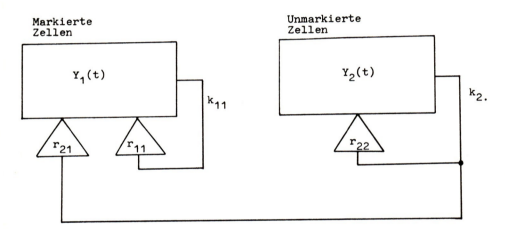

Abb. 8. *Strukturmodell zu Markierungsverfahren*

Bei diesem Modell wird davon ausgegangen, daß sich markierte und unmarkierte Zellen während der Versuchsdauer identisch verhalten und
sich nicht gegenseitig beeinflussen. Prinzipiell kann jedoch der Verlust der Markierung bei einer Tochterzelle während der Zellteilung in
das Modell einbezogen werden.

Wie schon die Diskussion der stochastischen Abhängigkeit der Zykluszeiten bei Mutter- und Tochterzellen zeigte, genügt ein Strukturmodell nicht, um den eigentlichen populationskinetischen Prozeß, der
mit dieser Struktur verbunden ist, zu erklären. Hierzu bedarf es einerseits einer mathematischen Beschreibung der kinetischen Gesetzmä-

ßigkeiten, nach denen sich ein Individuum in einem Compartment verhält, und andererseits der mathematischen Darstellung der Übergänge zwischen den Compartments.

Dies soll im folgenden geschehen.

II. Altersunabhängige Ansätze

Im vorhergehenden Abschnitt wurden Strukturmodelle zur Populationskinetik erörtert. Es geht nun darum, die biologischen Gesetzmäßigkeiten für das Verhalten von Individuen innerhalb der Compartments und bei den entsprechenden Übergängen mathematisch zu beschreiben. Letztlich kennt man diese biologischen Gesetzmäßigkeiten nicht, daher müssen Annahmen und Voraussetzungen getroffen werden, die das biologische Geschehen idealisieren und einer mathematischen Formalisierung zugänglich machen. Die Brauchbarkeit dieser Annahmen wird dadurch geprüft, wie gut sich biologische Effekte in der Realität durch Berechnungen am Modell erklären lassen.

Die einfachste Annahme ist, für die Populationskinetik nur diskrete Zustandsgrößen zuzulassen, also Compartmentmodelle ohne stetige Zustandsgrößen (wie etwa das Alter) zu untersuchen und darüber hinaus nur kinetische Reaktionen erster Ordnung zu betrachten. Eine kinetische Reaktion erster Ordnung liegt dann vor, wenn die zeitliche Änderung der Individuen-Zahl proportional der zur Zeit t vorhandenen Zahl von Individuen ist, also

$$\dot{Y}(t) = c \cdot Y(t) \quad (c = \text{Proportionalitätskonstante})$$

Diese Annahme hat sich in der Pharmakokinetik außerordentlich bewährt ([26]) und führt auch in der Wachstumskinetik bei speziellen Fragestellungen zu guten Ergebnissen (II.4).

Es wird gezeigt, daß bei kinetischen Reaktionen erster Ordnung die Verteilung der Aufenthaltszeiten in den Compartments festgelegt ist, und zwar in der Form, daß jedes Individuum, das sich zur Zeit t in einem Compartment befindet, die gleiche Chance hat, das Compartment im Zeitintervall (t,t+dt) zu verlassen, unabhängig davon, wie lange es sich schon in diesem Compartment aufhält. Die Aufenthaltszeiten sind also exponentialverteilt (II.1). Da die Verteilung der Generationszeiten in natürlichen Zellpopulationen (siehe III.6) sich wesentlich von der Exponentialverteilung unterscheidet, ist es nicht verwunderlich, daß Synchronisationseffekte (siehe III.9) mit altersunabhängigen Modellen nicht erklärt werden können (II.3). Auch eine mathematische Darstellung der stochastischen Abhängigkeit der Zykluszeiten bei Mutter- und Tochterzellen (III.13) ist altersunabhängig nicht zu realisieren.

Erfolgt das Wachstum als kinetische Reaktion erster Ordnung, so wird es als MALTHUS-Wachstum bezeichnet (MALTHUS 1798, 67). Dies gilt auch, wenn sowohl wachstumsfördernde als auch wachstumshemmende Einflüsse vorhanden sind:

$$\dot{Y}(t) = c\,Y(t) - k_o\,Y(t) \quad (c \geq 0,\ k_o \geq 0).$$

Bei MALTHUS-Wachstum sind die Proportionalitätskonstanten c und k_o unabhängig von der Zeit, d.h. die Population wächst entweder exponentiell über alle Grenzen oder sie stirbt exponentiell aus. Das beliebige exponentielle Wachstum ist bei natürlichen Populationen schon wegen des Mangels an Ressourcen nicht möglich und würde zu Bevölkerungsexplosionen führen, also können MALTHUS-Modelle nur in der Anfangsphase des Wachstums die Populationskinetik hinreichend beschreiben. Nimmt man nun an, daß die Proportionalitätskonstante k_o zeitabhängig ist, und zwar in der Form, daß das Wachstum mit zunehmender Individuenzahl gehemmt wird, also

$$k_o(t) = c_o \cdot Y(t) \quad (c_o \geq 0),$$

dann führt dies zu sigmoiden Wachstumskurven (II.2), d.h. die Population wächst zunächst exponentiell, vermindert dann ihr Wachstum und geht schließlich in einen Gleichgewichtszustand über, in dem die gleiche Anzahl von Individuen erzeugt wie vernichtet wird.

Für das Sterben wird also eine kinetische Reaktion zweiter Ordnung

$$\dot{Y}(t) = c \cdot Y(t) - c_o \cdot Y^2(t) \quad (c \geq 0,\ c_o \geq 0)$$

angenommen.

Ein solches Wachstum wird VERHULST-Wachstum (VERHULST 1838, 101) oder logistisches Wachstum genannt und stellt eine realistische Erklärung für stationäre (steady state) Populationen dar, die über ein konstantes Nahrungsangebot verfügen.

Bezieht man nun das Nahrungsangebot, etwa bei Räuber-Beute-Verhältnissen, in die Betrachtungen ein, so gelangt man zu Modellen für konkurrierende Populationen (II.6), bei denen das Nahrungsangebot und die Zahl der Individuen voneinander abhängig sind. Solche Modelle eignen sich auch (4) zur Darstellung der Kinetik von Infektionskrankheiten und Epidemien.

II.1 MALTHUS-Wachstum

Wir betrachten zunächst das Ein-Compartment-Modell (Abb. 1). Unter der Annahme, daß MALTHUS-Wachstum vorliegt, daß also alle Übergangsraten zeitunabhängig sind, und daß keine stetigen Zustandsgrößen, wie etwa das Alter, berücksichtigt werden, ergibt sich die mathematische Darstellung des kinetischen Prozesses der Zellteilung als Differentialgleichung:

1.1 $\quad \dot{Y}(t) = -(k+k_o) \cdot Y(t) + r \cdot k \cdot Y(t)$

Änderung = Zellverlust + Zellproduktion

Die zeitliche Änderung der Zellzahl im Zeitintervall $(t, t+dt)$ setzt sich zusammen aus dem Zellverlust, der durch die Anzahl abgestorbener Zellen $Y(t) \cdot k_o \cdot dt$ und die Anzahl der Mutterzellen $Y(t) \cdot k \cdot dt$, die sich teilen, gegeben ist, sowie der Zellproduktion, die durch die Anzahl der Tochterzellen $Y(t) \cdot r \cdot k \cdot dt$ gegeben ist.

Sind zur Zeit $t=0$ genau $Y(0)$ Zellen vorhanden, dann ergibt sich aus 1.1, daß rein exponentielles Wachstum

1.2 $\quad Y(t) = Y(0) \cdot e^{\mu t}$

vorliegt (Abb. 9).

Die Wachstumsrate μ ist gegeben durch

1.3 $\quad \mu = (r-1) \cdot k - k_o$

Die Parameter des kinetischen Prozesses haben folgende biologische Bedeutung.
Generationsrate k:
$k \cdot dt$ ist der Anteil der Zellen, die sich im Zeitintervall $(t, t+dt)$ teilen, bezogen auf die Gesamtzahl Zellen $Y(t)$ zur Zeit t.
Mortalitätsrate k_o:
$k_o \cdot dt$ ist der Anteil der Zellen, die im Zeitintervall $(t, t+dt)$ sterben, bezogen auf die Gesamtzahl Zellen $Y(t)$ zur Zeit t.
Reproduktion r:
r ist die mittlere Anzahl der Tochterzellen, die bei einer Zellteilung entstehen. Im allgemeinen gilt also $r=2$.
Wachstumsrate μ:
$\mu \cdot dt$ ist der Anteil der Zellen, um den sich die Gesamtpopulation im Zeitintervall $(t, t+dt)$ vermehrt ($\mu > 0$) oder verringert ($\mu < 0$), be-

zogen auf die Gesamtzahl der Zellen zur Zeit t.

Für die Wachstumsrate µ gilt:

        bei exponentiellem Wachstum $\mu > 0$
        bei exponentiellem Aussterben $\mu < 0$ und
        im Gleichgewichtsfall
        (trivialer Fall) $\mu = 0$

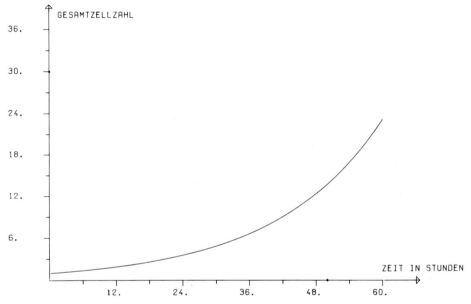

Abb. 9. MALTHUS-Wachstum $Y(t) = Y(0) \cdot Exp(\mu \cdot t)$ mit $k = 0.0524$ [1/h], $k_o = 0$, $r = 2$ und $Y(0) = 1$. Die Wachstumsrate beträgt $\mu = 0.0524$ [1/h] und die Verdopplungszeit beträgt $t_D = 13.23$ [h].

Wichtige abgeleitete Begriffe für die Populationskinetik sind die
- Verdopplungszeit und die
- mittlere Generationszeit.

Die Verdopplungszeit t_D, also die Zeit, in der sich die Zellzahl einer Population verdoppelt, kann aus 1.2 berechnet werden, denn es muß gelten $Y(t+t_D) = 2 \cdot Y(t)$, also folgt

1.4 $t_D = \dfrac{\ln 2}{\mu}$ [Zeit]   *Verdopplungszeit*

Für die Berechnung der mittleren Generationszeit ist es notwendig, die Verteilung der Generationszeiten zu kennen.

II.1.1 Verteilung der Aufenthaltszeit und der Generationszeit

Die Generationszeit einer Zelle beginnt mit der vollendeten Teilung ihrer Mutterzelle und endet mit der eigenen Teilung. Neben der Generationszeit muß die Aufenthaltszeit einer Zelle in der Zellpopulation betrachtet werden. Die Aufenthaltszeit einer Zelle beginnt ebenfalls mit der vollendeten Teilung ihrer Mutterzelle, endet jedoch entweder mit der eigenen Teilung oder mit ihrem Tod durch andere äußere Ursachen. Der Anteil der Zellen, die ihre Aufenthaltszeit in der Zellpopulation während des Zeitintervalls $(t,t+dt)$ beenden, bezogen auf die Gesamtzahl Zellen zur Zeit t, ist gegeben durch $(k+k_o) \cdot dt$.

Da die folgende Herleitung der Aufenthaltszeitverteilung auch für zeit- und altersabhängiges Wachstum gilt, soll sie an dieser Stelle ausführlich diskutiert werden.

$H(t',t)$ mit $0 \leq t' \leq t$ sei der Anteil der Zellen, die zur Zeit t (bis) den Zellverband verlassen haben, bezogen auf alle Zellen, die im Zeitintervall $(t'-dt',t')$ entstanden sind. $H(t',t)$ kann als Wahrscheinlichkeit dafür aufgefaßt werden, daß eine Zelle, die im Zeitintervall $(t'-dt',t')$ entstanden ist, höchstens bis zur Zeit t überlebt. Es wird vorausgesetzt, daß die Zeiten t' und t mit $0 \leq t' \leq t$ in gleichen Einheiten, z.B. in Stunden oder in Tagen gemessen werden. Da jede Zelle mindestens die Zeit $t'=t$ überlebt, gilt $H(t',t')=0$ für alle t' und da jede Zelle im Laufe der Zeit aus der Population ausscheidet, gilt $\lim_{t \to \infty} H(t',t) = 1$ für alle t'.

Wir betrachten nun den Anteil der Zellen, die im Zeitintervall $(t'-dt',t')$ entstanden sind und die im Zeitintervall $(t,t+dt)$ den Zellverband verlassen. Der Anteil beträgt $H(t',t+dt) - H(t',t)$. Andererseits kann dieser Anteil auch dargestellt werden, als der Anteil $1-H(t',t)$ derjenigen Zellen, die mindestens die Zeit t überleben, multipliziert mit dem Anteil der Zellen $(k+k_o) \cdot dt$, die im Zeitintervall $(t,t+dt)$ aus der Population ausscheiden. Also gilt

$$H(t',t+dt) - H(t',t) = (1-H(t',t)) \cdot (k+k_o) \cdot dt$$

oder

1.1.1 $$\frac{\partial H(t',t)}{\partial t} = (1-H(t',t)) \cdot (k+k_o)$$

Dies ist die grundlegende mathematische Darstellung der Aufenthaltszeitverteilung. Sie gilt auch für den Fall, daß die Übergangsraten k und k_o von t' und t abhängig sind.

Durch a = t-t' kann das Zellalter definiert werden, d.h. eine Zelle, die im Zeitintervall (t'-dt',t') entstanden ist, hat zur Zeit t das Alter a.
Also gilt

1.1.2 $\qquad \dfrac{\partial H(t',t'+a)}{\partial a} = (1-H(t',t'+a)) \cdot (k+k_o)$

Die Funktion $H(t',t'+a)$ ist auf den Bereich $0 \leq t' < \infty$ und $0 \leq a < \infty$ definiert und es gilt $H(t',t') = 0$ sowie $\lim_{a \to \infty} H(t',t'+a) = 1$ für alle t'. Löst man 1.1.2 bei konstanten Übergangsraten, dann gilt:

1.1.3 $\qquad H(t',t'+a) = 1-\text{Exp}(-(k+k_o) \cdot a)$.

Für das altersunabhängige MALTHUS-Wachstum ist die Aufenthaltszeitverteilung unabhängig von der Geburtszeit t' einer Zelle und bezogen auf das Zellalter a exponentialverteilt.
Wir bezeichnen mit

$\qquad H(a) = H(t',t'+a)$ die Verteilungsfunktion und mit

$\qquad h(a) = \dfrac{\partial H(t',t'+a)}{\partial a}$ die Verteilungsdichte der Aufenthaltszeit.

Es gilt

1.1.4 $\qquad h(a) = (k+k_o) \cdot \text{Exp}(-(k+k_o) \cdot a)$ und

1.1.5 $\qquad H(a) = \int_0^a h(a)\,da$

Die mittlere Aufenthaltszeit $\bar{a}$ (Erwartungswert) einer Zelle in der Zellpopulation kann somit berechnet werden als

1.1.6 $\qquad \bar{a} = \int_0^\infty a \cdot h(a)\,da = \dfrac{1}{k+k_o}$ [Zeit] *mittlere Aufenthaltszeit*.

Betrachtet man den Median $\hat{a}$ der Aufenthaltszeit, also diejenige Aufenthaltsdauer, die 50% der Zellen überschreiten und 50% der Zellen unterschreiten, d.h. $H(\hat{a}) = \dfrac{1}{2}$, dann folgt

1.1.7 $\qquad \hat{a} = \dfrac{\ln 2}{k+k_o}$ [Zeit] *mediane Aufenthaltszeit*.

Der Median ist um den Faktor ln2=0.69 kleiner als der Erwartungswert der Aufenthaltszeit.

Abb. 10 zeigt die Verteilungsdichte h(a) für das in Abb. 9 dargestellte Beispiel, dessen Parameter aus Messungen an CHO-Fibroblasten (III.10) gewonnen wurden.

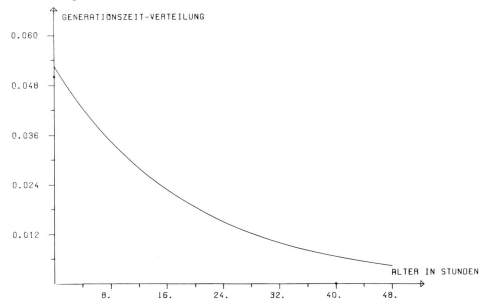

Abb. 10. *Verteilungsdichte $h(a) = (k+k_o) \cdot Exp(-(k+k_o) \cdot a)$ der Aufenthaltszeit für das MALTHUS-Wachstum Abb. 9. Die mittlere Aufenthaltszeit beträgt $\bar{a} = 19.08[h]$ und die mediane Aufenthaltszeit beträgt $\hat{a} = 13.23[h]$.*

Nun soll die Verteilung der Generationszeiten betrachtet werden. F(t',t) mit $0 \leq t' \leq t$ sei der Anteil der Zellen, die durch Zellteilung aus der Population ausscheiden und die höchstens bis zur Zeit t dem Zellverbund angehören, bezogen auf alle Zellen, die im Zeitintervall (t'-dt',t') entstanden sind. Die Herleitung der Differentialgleichung für F(t',t) erfolgt analog zu 1.1.1 und es gilt

1.1.8 $\qquad \dfrac{\partial F(t',t)}{\partial t} = (1-H(t',t)) \cdot k$

oder altersbezogen für $a = t-t' \geq 0$

1.1.9 $\qquad \dfrac{\partial F(t',t'+a)}{\partial a} = (1-H(t',t'+a)) \cdot k$

mit $F(t',t')=0$ für alle $0 \leq t' < \infty$.

Die Lösung der Differentialgleichung ist bei konstanten Übergangsraten gegeben durch

1.1.10 $\quad F(a) = F(t', t'+a) = \dfrac{k}{k+k_o}(1-\mathrm{Exp}(-(k+k_o)\cdot a))$

Der Anteil der Zellen, die durch Zellteilung aus der Population ausscheiden beträgt $\lim\limits_{a\to\infty} F(a) = \dfrac{k}{k+k_o}$.

Ferner gilt

1.1.11 $\quad f(a) = \dfrac{\partial F(t',t'+a)}{\partial a} = k\cdot\mathrm{Exp}(-(k+k_o)\cdot a))$

Die mittlere Generationszeit $\bar{a}_f$ (Erwartungswert) kann berechnet werden als

1.1.12 $\quad \bar{a}_f = \dfrac{\int_0^\infty a\cdot f(a)\cdot da}{\int_0^\infty f(a)\,da} = \dfrac{1}{k+k_o}$ [Zeit] *mittlere Generationszeit*

Die mediane Generationszeit $\hat{a}_f$ (Median) kann aus $F(\hat{a}_f) = \dfrac{1}{2}\cdot\dfrac{k}{k+k_o}$ berechnet werden und es gilt

1.1.13 $\quad \hat{a}_f = \dfrac{\ln 2}{k+k_o}$ [Zeit] *mediane Generationszeit*

Für die Aufenthaltszeiten und die Generationszeiten bei altersunabhängigem MALTHUS-Wachstum sind die Erwartungswerte $\bar{a} = \bar{a}_f$ sowie die Mediane $\hat{a} = \hat{a}_f$ identisch.

II.2 VERHULST-Wachstum

Das Ein-Compartment-Modell (Abb. 1) wird weiterhin betrachtet und zusätzlich angenommen, daß die Generationsrate k nur von Zelleigenschaften, während die Mortalitätsrate k_o auch von Umwelteinflüssen abhängt.
Es sei

2.1 $\quad k_o(t) = c_o\cdot Y(t) \quad (c_o \geq 0 \text{ Verlustrate})$

Die Mortalitätsrate k_o sei also proportional der Gesamtzahl vorhandener Zellen. Die Generationsrate k sei konstant. Damit ergibt sich aus 1.1 die VERHULST'sche Wachstumsgleichung

2.2 $\quad \dot{Y}(t) = c\cdot Y(t) - c_o\cdot Y(t)^2 \text{ mit } c = (r-1)\cdot k$

Die Lösung dieser (Riccatischen) Differentialgleichung lautet:

2.3 $$Y(t) = \frac{Y(0) \cdot A}{Y(0) + (A - Y(0))e^{-ct}} \quad \text{mit } A = \frac{c}{c_o}$$

Betrachtet man diese Funktion und ihren Graphen (Abb. 11), dann zeigt sich, daß die eigentliche Kinetik durch die Generationsrate k und die Reproduktion r in c = (r-1)·k gegeben ist; die Steigung der Funktion ist proportional c. Die Asymptote von 2.3 ist gegeben durch

2.4 $$\lim_{t \to \infty} Y(t) = \frac{c}{c_o},$$

d.h. der Gleichgewichtszustand ist proportional der Generationsrate k und umgekehrt proportional der Verlustrate c_o.

Wir bezeichnen mit τ den Zeitpunkt, an dem die Zellzahl $Y(\tau)$ genau die Hälfte der asymptotischen Zellzahl $A = \frac{c}{c_o}$ erreicht. Die *Halbwertszeit* τ ist also definiert durch

$$Y(\tau) = \frac{A}{2} \quad \text{mit} \quad A = \frac{c}{c_o}$$

Es folgt aus 2.3

2.5 $$\frac{A}{Y(0)} = 1 + e^{c\tau}$$

also gilt

2.6 $$Y(t) = \frac{A}{1 + e^{-c(t-\tau)}}$$

Dies ist die bekannte Form der logistischen Wachstumsfunktion. Bezeichnen wir

2.7 $$P(t) = \frac{Y(t)}{A}$$

dann läßt sich 2.6 durch die Logit-Transformation

2.8 $$L(t) = \ln\left(\frac{P(t)}{1-P(t)}\right) \qquad \textit{Logits}$$

linearisieren und es gilt

2.9 $$L(t) = c(t-\tau)$$

Durch diese Transformation wird die graphische Anpassung einer logistischen Funktion an empirische Meßdaten erleichtert, falls A bekannt ist. Geeignete Computerprogramme zur nichtlinearen Regression (siehe (25)) gestatten jedoch die direkte Approximation von 2.6 an empirische Originaldaten (Abb. 11, Klimakammer-Experiment, Prof.Dr. Krug, TU Hannover 1974) und erlauben gleichzeitig die Berechnung der asymptotischen Standardabweichung der Wachstumsparameter.

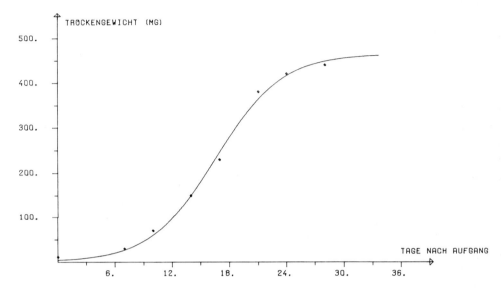

Abb. 11. Radies-Wachstum bei $24°C$, 5 K-Lux und 85%-Luftfeuchte
Approximierte Parameter: $c = 0.289 \pm 0.026$ [1/d]; $c \cdot \tau =$
4.79 ± 0.36; $A = 465.6 \pm 15.62$ [mg].
Berechnete Größen für den Fall $r=2$: $\tau = 16.59$ [d]; $k =$
0.289 [1/d]; $c_o = 6.207 \cdot 10^{-4}$ [1/mg·d]. $Y(0) = 3.84$ [mg]

PEARL und REED (77) haben 1920 die logistische Funktion erstmalig praktisch zur Darstellung des Bevölkerungswachstums in den USA angewendet. Die logistische Funktion wurde vor allem von LOTKA 1925 (64) und YULE 1925 (103) ausführlich diskutiert. Bei KRETSCHMANN-WINGERT 1971 (52) finden sich medizinische Anwendungen speziell auch auf das Wachstum von Hirnregionen und weitere Literaturhinweise. Eine Literaturübersicht über Verallgemeinerungen von 2.2 auf stochastische Prozesse und ihre theoretische Anwendung auf Tumormodelle gibt (22). Diese Ansätze gehen zurück auf FELLER 1939 (28) und NEYMAN-SCOTT 1967 (73). Die logistische Funktion wird daneben auch auf Dosis-Wirkungskurven (10),(88),(26) und in neuerer Zeit auf die Analyse von Kontingenztafeln (15) angewendet.

II.2.1 Aufenthaltszeit-Verteilung bei VERHULST-Wachstum

Für das VERHULST-Wachstum soll die Verteilung der Aufenthaltszeit angegeben werden. Da die Mortalitätsrate $k_o(t)$ zeitabhängig ist, ist auch die Verteilung der Aufenthaltszeit zeitabhängig. Es können also nur die Aufenthaltszeiten solcher Zellen miteinander verglichen werden, die in gleichen Zeitintervallen $(t'-dt',t')$ entstanden sind, der Vergleich ist nur bei sogenannten Kohorten zulässig.

Sei $H(t',t)$ mit $0 \leq t' \leq t$ wie in II.1.1 die Wahrscheinlichkeit, daß eine Zelle, die im Zeitintervall $(t'-dt',t')$ entstanden ist, den Zellverband spätestens zur Zeit t verläßt und $a = t-t' > 0$ sei das Alter der Zelle, dann gilt (siehe 1.1.2):

2.1.1 $\qquad \dfrac{\partial H(t',t'+a)}{\partial a} = (1-H(t',t'+a)) \cdot (k+k_o(t'+a))$

mit der Anfangsbedingung $H(t',t') = 0$ für alle t'.
Die Lösung lautet

2.1.2 $\qquad H(t',t'+a) = 1-\mathrm{Exp}(-k \cdot a - \int_0^a k_o(t'+x)\,dx)$

Für das VERHULST-Wachstum 2.6 und $k_o(t) = c_o \cdot Y(t)$ ergibt sich als Verteilungsfunktion die Aufenthaltszeit

2.1.3 $\qquad H(t',t'+a) = 1-\dfrac{Y(t'+a)}{Y(t')} \cdot \mathrm{Exp}(-r \cdot k \cdot a)$

Die entsprechende Verteilungsdichte ist

2.1.4 $\qquad h(t',t'+a) = (k+c_o \cdot Y(t'+a)) \cdot \mathrm{Exp}(-r \cdot k \cdot a) \cdot \dfrac{Y(t'+a)}{Y(t')}$

Es gilt $H(t',t'+a) = \int_0^a h(t',t'+x)\,dx$.

In Abb. 12 sind die Verteilungsdichten $h(t',t'+a)$ für Kohorten abgebildet, die im Zeitintervall $(t'-dt',t')$ mit $t' = n \cdot 3$ und $n = 0,1,2,\ldots 11$ entstanden sind. Die entsprechenden Wachstumsparameter sind in Abb. 11 dargestellt.

Die mittlere Aufenthaltszeit $\bar{a}(t')$ (Erwartungswert) einer zur Zeit t' geborenen Zelle kann dargestellt werden als

2.1.5 $\qquad \bar{a}(t') = \int_0^\infty a \cdot h(t',t'+a)\,da \quad$ für alle t'.

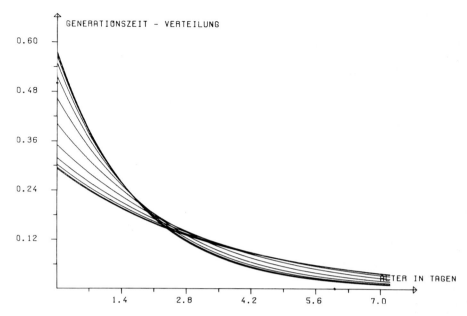

Abb. 12. Verteilungsdichte der Aufenthaltszeiten $h(t',t'+a)$ für das VERHULST-Wachstum in Abb. 11. Es ist t' der Geburtszeitpunkt und a das Zellalter zur Zeit $t \geq t'$. Die Verteilung der Kohorten ist für $t'=n \cdot 3[d]$ $(n=0,1,2,...11)$ dargestellt. Es gilt $h(t',t')=k+c_0 \cdot Y(t')$ für $a=o$. Die asymptotische mittlere Aufenthaltszeit beträgt $\bar{a} = 1.73$ [d], die asymptotische mediane Aufenthaltszeit beträgt $\hat{a} = 1.20[d]$.

Die mittlere asymptotische Aufenthaltszeit $\bar{a}$ ergibt sich für $t' \to \infty$ und es gilt

$$\bar{a} = \frac{1}{r \cdot k} \qquad \textit{asymptotische mittlere Aufenthaltszeit}$$

Der Median $\hat{a}(t')$ der Aufenthaltszeit kann dargestellt werden durch $H(t',t'+\hat{a}) = \frac{1}{2}$ oder

2.1.6 $\qquad \frac{Y(t'+\hat{a}(t'))}{Y(t')} \cdot \text{Exp}(-r \cdot k \cdot \hat{a}(t')) = \frac{1}{2}$

Diese Gleichung ist explizit nicht mehr lösbar. Es ist jedoch ersichtlich, daß der Median $\hat{a}(t')$ vom Geburtszeitpunkt t' abhängt und zwar derart, daß Zellen, die zu einem späteren Zeitpunkt t' geboren werden, eine kürzere mediane Aufenthaltszeit in der Population besitzen. Die asymptotische mediane Aufenthaltszeit $\hat{a}$ für $t' \to \infty$ beträgt

2.1.7 $\qquad \hat{a} = \frac{\ln 2}{r \cdot k} \qquad \textit{asymptotische mediane Aufenthaltszeit}$

Die Verteilungsdichte h(t',t'+a) ist beim VERHULST-Wachstum asymptotisch exponentialverteilt und es gilt wegen $c=(r-1) \cdot k$

2.1.8 $\quad \lim_{t' \to \infty} h(t',t'+a) = r \cdot k \cdot \text{Exp}(-r \cdot k \cdot a)$

II.3 Das Interphasenmodell

Nun soll das Interphasenmodell für altersunabhängige und zeitunabhängige Übergangsraten (Abb. 13) betrachtet werden. Der funktionelle Zusammenhang läßt sich wiederum mit dem Prinzip von Zellverlust und Zellproduktion als MALTHUS-Wachstum darstellen.

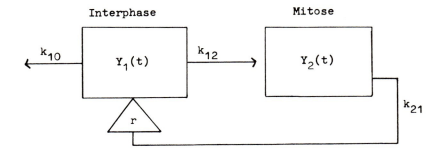

Abb. 13. *Interphasen-Modell der Zellteilung*
  k_{ij} Übergangsrate vom i-ten Compartment in das j-te Compartment
  k_{io} Übergangsrate vom i-ten Compartment in das Systemäußere (Tod)
  r   Reproduktion
  $Y_i(t)$ Gesamtzahl Zellen im i-ten Compartment zur Zeit t

Für die einzelnen Compartments gilt

3.1 $\quad \dot{Y}_1(t) = -(k_{12}+k_{10}) \cdot Y_1(t) + r \cdot k_{21} \cdot Y_2(t)$

$\dot{Y}_2(t) = -k_{21} \cdot Y_2(t) + k_{12} \cdot Y_1(t)$

Änderung = Zellverlust + Zellproduktion

Wir wollen nun untersuchen, ob ein solches Modell geeignet ist, Synchronisationseffekte zu beschreiben. Bei Synchronisationsexperimenten in vitro (70) werden Zellen mechanisch synchronisiert, in der Form, daß zur Zeit t=0 sich alle Zellen in der Mitosephase befinden, also

3.2 $\quad Y_1(0) = 0 \quad$ und $\quad Y_2(0) = Y_o$

Trägt man das Verhältnis mitotischer Zellen zur Gesamtzahl der Zellen in Abhängigkeit von der Zeit t auf (Mitose-Index), dann ergibt sich eine Kurve (III.9 und IV.7), die einer gedämpften Schwingung ähnelt. Die Frage ist also, ob das Differentialgleichungssystem 3.1 Schwingungen zuläßt.
Betrachtet man die charakteristische Gleichung dieses Systems

3.3 $\quad \lambda_{1/2} = -\dfrac{k_{10}+k_{12}+k_{21}}{2} \pm \sqrt{\dfrac{1}{4}(k_{10}+k_{12}+k_{21})^2 - k_{10}k_{21} + (r-1)\cdot k_{12}\cdot k_{21}}$

dann folgt, daß die Eigenwerte λ_i des Systems stets reell sind, also keine Schwingungen in dem System 3.1 auftreten können. Ein altersunabhängiger MALTHUS-Ansatz eignet sich also nicht zur Beschreibung des Mitose-Index (70) oder der prozentualen markierten Mitosen (pulse labeled PLM) (5),(92),(6). Da, wie in II.1 gezeigt, die Verteilung der Aufenthaltsdauer in den einzelnen Compartments exponentialverteilt und damit fest vorgegeben ist, eignen sich altersunabhängige MALTHUS-Ansätze auch nicht zur Darstellung von stochastischen Abhängigkeiten der Aufenthaltszeiten von Mutter- und Tochterzellen.

Im Gegensatz zur Pharmakokinetik, bei der der Anfangszustand des Systems durch die Gabe von Arzneimitteln (etwa (26)) festgelegt ist, werden sich in der Zell-Populationskinetik natürliche Populationen im Zustand des stabilen Wachstums (siehe III.8, IV.5) befinden. Die Gesamtpopulation und die Teilpopulationen in den einzelnen Compartments werden sich also bei stabilem MALTHUS-Wachstum rein exponentiell vermehren.

Es muß gelten

3.4 $\quad Y_i(t) = a_i \cdot e^{\mu t} \quad$ mit $\quad a_i = Y_i(0) \quad$ für $\quad i=1,2$
$\quad \mu$ ist die Wachstumsrate.

Setzen wir den Ausdruck 3.4 in 3.1 ein, dann folgt

3.5 $\quad a_1\mu = -(k_{12}+k_{10})\cdot a_1 + r\cdot k_{21}\cdot a_2$

$\quad\quad\quad a_2\mu = -k_{12}\cdot a_2 + k_{21}\cdot a_1$

oder

3.6
$$0 = -(k_{12}+k_{10}+\mu) \cdot a_1 + r \cdot k_{21} \cdot a_2$$
$$0 = k_{12} \cdot a_1 - (k_{21}+\mu) a_2$$

Dies ist eine sogenannte Eigenwertaufgabe, bei der μ der Eigenwert und $a=(a_1,a_2)$ der Eigenvektor ist. Für μ existieren im allgemeinen zwei (reelle) Lösungen, die durch die Formel 3.3 mit $\mu = \lambda_i$ gegeben sind. Jedoch nur diejenige Lösung, die einen positiven Eigenvektor, d.h. $a=(a_1,a_2)$ mit $a_1 > 0$ und $a_2 > 0$, besitzt, ist für uns interessant, da die Anfangsbedingungen $Y_i(0) = a_i$ stets positiv sein müssen. Diese Eigenschaft hat die größere der beiden Lösungen von 3.3, also gilt

3.7 $\qquad \mu = \lambda_1 \qquad$ *Wachstumsrate*

Wir wollen an dieser Stelle nicht weiter auf das Eigenwertproblem eingehen und verweisen auf IV.5 sowie (26). Wichtig ist, festzustellen, daß bei Vorliegen von stabilem MALTHUS-Wachstum, das Verhältnis von Anzahl der Mitosezellen zu der Anzahl der Zellen in der Interphase in Abhängigkeit von der Zeit t stets konstant ist und durch 3.6 berechnet werden kann, damit ist in diesem Falle auch der Mitose-Index zeitlich konstant. Wir werden diesen Gedanken in II.4 zur Darstellung der Proliferations-Fraktion verwenden.

II.4 Proliferations-Fraktion und Markierungs-Index

Wir wollen nun ein einfaches MALTHUS-Modell zur Darstellung der Proliferations-Fraktion und des Markierungs-Indexes aufstellen, das aus einer Zusammenarbeit mit Dr. W. LANG (59) entstanden ist. Wir gehen von dem altersunabhängigen 2-Compartmentmodell (Abb. 14) aus, in dem die proliferierenden Zellen (P-Zellen) und die nicht-proliferierenden Zellen (Q-Zellen) jeweils ein Compartment bilden.

Die zugehörigen Wachstumsgleichungen lauten

4.1 $\qquad \dot{Y}_1(t) = -k_{1.} \cdot Y_1(t) + r_{11} \cdot k_{1.} Y_1(t)$

4.2 $\qquad \dot{Y}_2(t) = -k_{20} \cdot Y_2(t) + r_{12} \cdot k_{1.} Y_1(t)$

$\qquad\qquad$ *Änderung = Zellverlust + Zellproduktion*

$\qquad$ mit $\qquad r_{11} + r_{12} + r_{10} = 2$

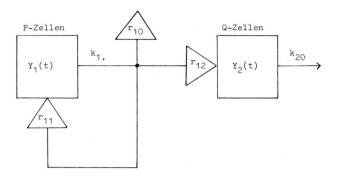

Abb. 14. Grundmodell zur Darstellung der Proliferations-Fraktion

Dabei ist

$k_1.$ [1/Zeit] die Generationsrate, also ist $k_1.dt$ der Anteil der P-Zellen, die sich im Zeitintervall (t,t+dt) teilen, bezogen auf die Gesamtzahl der P-Zellen zur Zeit t.

k_{20} [1/Zeit] die Sterberate der Q-Zellen, also ist $k_{20}dt$ der Anteil der Q-Zellen, die im Zeitintervall (t,t+dt) sterben, bezogen auf die Gesamtzahl der Q-Zellen zur Zeit t.

$r_{11} \cdot k_1.$ [1/Zeit] die Geburtenrate der P-Zellen

$r_{12} \cdot k_1.$ [1/Zeit] die Geburtenrate der Q-Zellen

$r_{10} \cdot k_1.$ [1/Zeit] die Sterberate der P-Zellen (bei Mitose).

Wir gehen davon aus, daß stabiles MALTHUS-Wachstum vorliegt (siehe II.3), also

4.3 $Y_i(t) = a_i \cdot e^{\mu t}$ mit $Y_i(0) = a_i$ für   i=1,2

Setzen wir 4.3 in 4.1 ein, dann ist die Wachstumsrate gegeben:

4.4 $\mu = (r_{11}-1) \cdot k_1.$ *Wachstumsrate*

und aus 4.2 folgt

4.5 $\mu \cdot a_2 = -k_{20}a_2 + r_{12}k_1.a_1$

Aus 4.5 läßt sich das Verhältnis der Anfangswerte a_i zueinander berechnen

4.6 $\qquad a_1 = \dfrac{\mu + k_{20}}{r_{12} \cdot k_{1.}} \cdot a_2 = \dfrac{(r_{11}-1) \cdot k_{1.} + k_{20}}{r_{12} \cdot k_{1.}} \cdot a_2$

Die Proliferations-Fraktion PF(t) ist das Verhältnis der Zahl der P-Zellen bezogen auf die Gesamtzahl der Zellen in Abhängigkeit von der Zeit t, also

4.7 $\qquad PF(t) = \dfrac{Y_1(t)}{Y_1(t) + Y_2(t)} \qquad$ *Proliferations-Fraktion*

Setzen wir 4.3 in 4.7 ein und berücksichtigen 4.6, dann folgt für die Proliferations-Fraktion:

4.8 $\qquad PF(t) = \dfrac{a_1}{a_1 + a_2} = \dfrac{(r_{11}-1) \cdot k_{1.} + k_{20}}{(r_{11}+r_{12}-1) \cdot k_{1.} + k_{20}} = PF$

Als Ergebnis erhalten wir, daß bei stabilem MALTHUS-Wachstum die Proliferations-Fraktion zeitlich konstant ist (PF(t)=PF) und durch Formel 4.8 aus den Wachstumsparametern berechnet werden kann.

Die Wachstumsrate μ ist genau dann positiv, wenn $r_{11} > 1$ ist (siehe 4.4).

Für $\mu > 0$ gilt also

4.9 $\qquad 0 < PF < 1$

Das bei diesem Modell vorausgesetzte rein exponentielle Zell-Wachstum kann bei Experimenten mit renalen Sarkomen bei Ratten (58) vorausgesetzt werden, da die Messungen in der Anfangsphase des Sarkom-Wachstums durchgeführt werden. Es handelt sich hierbei unter anderem um Infusions-Versuche, bei denen ^{3}H-Thymidin zur Markierung verwendet wird. Ein einfaches Modell zur mathematischen Darstellung des bei diesen Versuchen empirisch ermittelten Markierungs-Indexes LI(t) (labeling index) wollen wir im folgenden herleiten.

II.4.1 Markierung durch Infusion

Wir nehmen an, daß die Markierung zur Zeit t=0 einsetzt und daß alle danach neu entstehenden Zellen markiert werden. Dieser Zeitpunkt ist nicht ganz mit dem Zeitpunkt des Infusionsbeginns identisch, zum einen, da zunächst eine homogene Durchmischung des Thymidins im Blutkreislauf erfolgen muß, zum anderen, da das Thymidin in der DNS-Phase (siehe I.3) eingebaut wird und die markierten Zellen zunächst die G2-Phase und die Mitosephase durchlaufen müssen. Man kann eine Zeitverzögerung zwischen Beginn der Infusion und dem Auftreten der ersten markierten Tochterzellen berücksichtigen, sie ist im allgemeinen jedoch unerheblich.

Sei nun P(t) (bzw. P*(t)) die Anzahl der unmarkierten (bzw. markierten) P-Zellen zur Zeit t und Q(t) (bzw. Q*(t)) die Anzahl der unmarkierten (bzw. markierten) Q-Zellen zur Zeit t, dann gilt nach 4.3

4.1.1 $\quad Y_1(t) = P(t) + P^*(t) = a_1 \cdot e^{\mu t}\quad$ und

$\quad Y_2(t) = Q(t) + Q^*(t) = a_2 \cdot e^{\mu t}$

Die Annahme, daß zur Zeit t=0 alle Zellen unmarkiert sind, führt zu

4.1.2 $\quad P(0) = a_1\ ;\quad P^*(0) = 0$

$\quad Q(0) = a_2\ ;\quad Q^*(0) = 0$

Da keine neuen unmarkierten P-Zellen und Q-Zellen entstehen können, gilt für unmarkierte Zellen:

4.1.3 $\quad \dot{P}(t) = -k_1 \cdot P(t),\ \text{d.h.}\ P(t) = a_1 \cdot e^{-k_1 \cdot t}\quad$ und

$\quad \dot{Q}(t) = -k_{20} \cdot Q(t),\ \text{d.h.}\ Q(t) = a_2 \cdot e^{-k_{20} t}$

Aus 4.1.1 folgt damit für die markierten Zellen:

4.1.4 $\quad P^*(t) = a_1(e^{\mu t} - e^{-k_1 \cdot t})$

$\quad Q^*(t) = a_2(e^{\mu t} - e^{-k_{20} t})$

Der Markierungsindex LI(t) (labeling-index) wird durch das Verhältnis der Zahl der markierten Zellen zu der Gesamtzahl Zellen in Abhängigkeit von der Zeit definiert, also

4.1.5 $\quad LI(t) = \dfrac{P^*(t) + Q^*(t)}{Y_1(t) + Y_2(t)} \quad\quad$ *Labeling-index*

Setzt man 4.1.4 und 4.1.1 ein, dann folgt die mathematische Darstellung des Markierung-Indexes für Dauer-Markierung

4.1.6 $\quad LI(t) = 1 - PF \cdot e^{-(\mu+k_1)t} - (1-PF)e^{-(\mu+k_{20})t}$

dabei ist PF die Proliferations-Fraktion 4.8.

Die Funktion LI(t) strebt in der Zeit monoton von Null gegen Eins.

II.4.2 Markierung durch einmalige Applikation

Nehmen wir nun an, daß die Markierung nicht durch Infusion, sondern durch einmalige Applikation von ^{3}H-Thymidin erfolgt.

Durch diese einmalige Markierung soll der Anteil p der zur Zeit t=0 existierenden P-Zellen markiert sein, während der Anteil q = 1-p der P-Zellen unmarkiert bleibt, also gilt

4.2.1 $\quad P(0) = q \cdot a_1 \quad ; \quad P^*(0) = p \cdot a_1 \quad$ mit $p+q = 1$ und

$\qquad Q(0) = a_2 \quad ; \quad Q^*(0) = 0$

Die Wachstumsgleichungen, sowohl für die unmarkierten als auch für die markierten Zellen, entsprechen Gleichung 4.1, sie unterscheiden sich nur in den Anfangswerten.

Es gilt

4.2.2 $\quad P(t) = q \cdot a_1 \cdot e^{\mu t} \qquad$ und $\quad P^*(t) = p \cdot a_1 e^{\mu t}$

$\qquad Q(t) = a_2(qe^{\mu t} + p \cdot e^{-k_{20}t}) \quad$ und $\quad Q^*(t) = p \cdot a_2(e^{\mu t} - e^{-k_{20}t})$

Gleichung 4.1.1 gilt auch für die durch 4.2.2 bestimmten Größen, damit folgt aus 4.1.5 für den Markierungsindex bei einmaliger Markierung:

4.2.3 $\quad LI(t) = p(1-(1-PF) \cdot e^{-(\mu+k_{20})t})$

Bei einmaliger Applikation strebt der Markierungsindex LI(t) in der Zeit monoton von $p \cdot PF$ bis p.

II.5 Geschlechtliche Vermehrung

Bisher haben wir Populationskinetiken dargestellt, die auf Zellteilung beruhen. Bezieht man die geschlechtliche Vermehrung in die Überlegungen ein, muß auch mathematisch grundsätzlich zwischen der eingeschlechtlichen und der zweigeschlechtlichen Fortpflanzung unterschieden werden. Bei Modellen der eingeschlechtlichen Vermehrung werden nur die Mütter und ihre weiblichen Nachkommen betrachtet. Eine solche Vereinfachung ist dann berechtigt, wenn sich die Anzahl und das kinetische Verhalten der Mütter und Väter bzw. der Töchter und Söhne nicht wesentlich voneinander unterscheiden. Für die strukturelle Darstellung der eingeschlechtlichen Vermehrung genügt das Ein-Compartmentmodell Abb. 15.

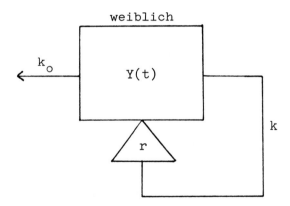

Abb. 15. Strukturmodell der eingeschlechtlichen Vermehrung
  Y(t) Anzahl Mütter k_o Sterberate
  r   Anzahl Töchter pro Geburt   k   Fertilitätsrate

Die entsprechende Wachstumsgleichung lautet

5.1 $\qquad \dot{Y}(t) = -k_o Y(t) + r \cdot k \cdot Y(t)$

  Änderung = Verlust + Produktion

Während in der Zell-Populationskinetik II.1 die Zelle auf zwei Arten den Zellverband verlassen kann, also der Verlust durch Tod (Sterberate k_o) und der Verlust der Mutterzelle bei der Zellteilung (Generationsrate k) berücksichtigt werden muß, kann bei geschlechtlichem

Wachstum die Müttersterblichkeit im allgemeinen vernachlässigt werden.

Stellen wir nun das MALTHUS-Wachstum bei Zellteilung und bei eingeschlechtlicher Vermehrung formelmäßig gemeinsam dar, dann gilt

5.2 $\quad \dot{Y}(t) = -k_o \cdot Y(t) + (r-q) \cdot k \cdot Y(t)$

$$\text{mit } q = \begin{cases} 1 \text{ bei Vermehrung durch Zellteilung} \\ 0 \text{ bei (ein-)geschlechtlicher Vermehrung} \end{cases}$$

Dabei ist q die Müttersterblichkeit.

Die Lösung von 5.2 lautet

5.3 $\quad Y(t) = Y(0) \cdot e^{\mu t} \quad$ mit der Wachstumsrate

$\quad\quad\quad \mu = (r-q) \cdot k - k_o$

Die altersabhängige eingeschlechtliche Vermehrung wird in III.14 behandelt.

Betrachten wir nun die zweigeschlechtliche Vermehrung, so läßt sich diese strukturell durch Abb. 16 darstellen.

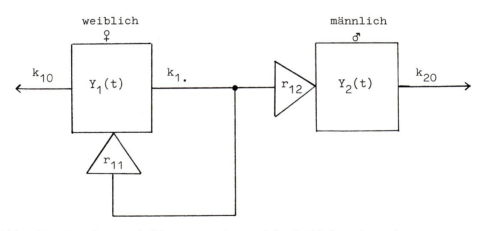

Abb. 16. *Strukturmodell zur zwei-geschlechtlichen Vermehrung*
  $k_{1.}\quad$ *Fertilitätsrate*
  $r_{11}\quad$ *Anzahl Töchter pro Geburt*
  $r_{12}\quad$ *Anzahl Söhne pro Geburt*

Die entsprechende altersunabhängige mathematische Darstellung der zweigeschlechtlichen Vermehrung lautet:

5.4
$$\dot{Y}_1(t) = -k_{10}Y_1(t) + r_{11} \cdot k_{1.} \cdot Y_1(t)$$
$$\dot{Y}_2(t) = -k_{20}Y_2(t) + r_{12} \cdot k_{1.} \cdot Y_1(t)$$

Änderung = Verlust + Produktion

Die Lösung dieses Differentialgleichungssystems ist:

5.5
$$Y_1(t) = Y_1(0) \cdot e^{\mu t}$$
$$Y_2(t) = \frac{r_{12} \cdot k_{1.} \cdot Y(0)}{\mu + k_{20}} e^{\mu t} + (Y_2(0) - \frac{r_{12} \cdot k_{1.} \cdot Y_1(0)}{\mu + k_{20}}) e^{-k_{20} t}$$

mit $\mu = r_{11} \cdot k_{1.} - k_{10}$

Dieses Modell ist insofern nicht ganz realistisch, als die Fertilitätsrate $k_{1.}$ von der Anzahl der männlichen Individuen unabhängig ist. Man sollte also in 5.4 eine Abhängigkeit der Form

5.6
$$k_{1.}(t) = c_1 \cdot Y_2(t) \quad \text{mit } c_1 > 0$$

berücksichtigen. Unter dieser Annahme wächst die Population nicht mehr rein exponentiell, sondern nach einer hinreichend langen Wachstumszeit wird sich ein Gleichgewichtszustand (steady state) zwischen der Anzahl weiblicher und männlicher Individuen einstellen. Im Gleichgewichtsfall muß gelten

5.7
$$\dot{Y}_1(\hat{t}) = 0 \quad \text{und} \quad \dot{Y}_2(\hat{t}) = 0.$$

Berücksichtigt man 5.6, so folgt aus 5.4

5.8
$$-k_{10} \cdot Y_1(\hat{t}) + r_{11} \cdot c_1 \cdot Y_1(\hat{t}) \cdot Y_2(\hat{t}) = 0$$
$$-k_{20} \cdot Y_2(\hat{t}) + r_{12} \cdot c_1 \cdot Y_1(\hat{t}) \cdot Y_2(\hat{t}) = 0$$

Damit gilt für den Gleichgewichtsfall:

5.9
$$Y_1(\hat{t}) = \frac{k_{10}}{r_{11} \cdot c_1} \quad \text{und} \quad Y_2(\hat{t}) = \frac{k_{20}}{r_{12} \cdot c_1}$$

II.6 Konkurrierende Populationen

In den beiden vorangegangenen Abschnitten haben wir Modelle für Zwei-Typ-Populationen betrachtet. Die mathematische Darstellung erfolgte

durch ein lineares Differentialgleichungssystem, d.h. wir haben nur
kinetische Reaktionen erster Ordnung (MALTHUS-Wachstum) betrachtet
und eine direkte Wechselwirkung zwischen den Teilpopulationen ausgeschlossen. Diese Annahme kann nur in der Anfangsphase des Wachstums
realistisch sein, denn sie führt zu einem exponentiellen Wachstumsverlauf und damit zu Bevölkerungsexplosionen. Der Einfluß der Umwelt
auf das Wachstum, der vor allem auf ein begrenztes Nahrungsmittelan-
gebot zurückzuführen ist, wurde in II.2 bei der Einführung des VER-
HULST-Wachstums berücksichtigt. In diesem Abschnitt sollen die Annahmen, mit denen das VERHULST-Wachstum hergeleitet wurde, verallgemeinert werden, um direkte Wechselwirkungen zwischen Teilpopulationen
zu beschreiben. Die gegenseitige Abhängigkeit der Teilpopulationen
soll hier unter drei Aspekten behandelt werden:

- Räuber-Beute-Verhältnis (Konkurrenz 1. Art)

    Die Individuen einer Teilpopulation leben von Individuen der an-
    deren Teilpopulation.

- Konkurrenz-Verhältnis (Konkurrenz 2. Art)

    Beide Teilpopulationen stehen in gegenseitiger Konkurrenz um ei-
    nen gemeinsamen Lebensraum.

- Symbiose-Verhältnis

    Beide Teilpopulationen benötigen einander im gemeinsamen Lebens-
    kampf oder zur Fortpflanzung.

Strukturell kann ein Räuber-Beute-Verhältnis als 2-Compartmentmo-
dell (Abb. 17) beschrieben werden.

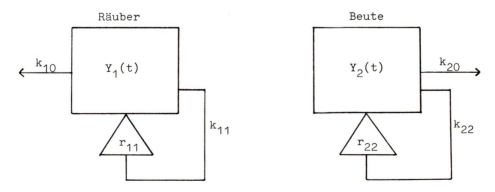

Abb. 17. Strukturmodell für das Räuber-Beute-Verhältnis

Die entsprechende Wachstumsgleichung lautet:

6.1 $\quad \dot{Y}_1(t) = R_{11} \cdot k_{11} \cdot Y_1(t) - k_{10} \cdot Y_1(t)$

$\quad \dot{Y}_2(t) = R_{22} \cdot k_{22} \cdot Y_2(t) - k_{20} \cdot Y_2(t)$

Dabei gilt, wie wir in II.5 gezeigt haben

$$R_{ii} = \begin{cases} r_{ii} & \text{bei (ein-)geschlechtlicher Vermehrung} \\ (r_{ii}-1) & \text{bei Vermehrung durch Zellteilung} \end{cases}$$

Zur Vereinfachung der Darstellung beschränken wir uns auf den Fall, daß sich beide Teilpopulationen durch eingeschlechtliche Vermehrung fortpflanzen, also

$$R_{ii} = r_{ii} \quad \text{für} \quad i = 1,2.$$

Nehmen wir nun an, daß die Sterberate $k_{20}(t)$ der Beute proportional der Anzahl der Räuber ist, also

$$k_{20}(t) = c_2 \cdot Y_1(t) \quad \text{mit} \quad c_2 > 0$$

und die Geburtenrate $r_{11}(t) \cdot k_{11}(t)$ der Räuber proportional der Anzahl der Beute ist, also

$$r_{11}(t) \cdot k_{11}(t) = c_1 \cdot Y_2(t) \quad \text{mit} \quad c_1 > 0$$

während die Geburtenrate $r_{22} \cdot k_{22}$ der Beute und die Sterberate k_{10} der Räuber zeitlich konstant sind. Dann folgt aus 6.1 für das *Räuber-Beute-Verhältnis*:

6.2 $\quad \dot{Y}_1(t) = c_1 \cdot Y_1(t) \cdot Y_2(t) - k_{10} \cdot Y_1(t)$

$\quad \dot{Y}_2(t) = r_{22} \cdot k_{22} \cdot Y_1(t) - c_2 \cdot Y_1(t) \cdot Y_2(t)$

Betrachtet man eine Population, deren Teilpopulationen in Konkurrenz zueinander stehen, dann können unter Zugrundelegung des Strukturmodells Abb. 17 und der zugehörigen Differentialgleichung 6.1 folgende Annahmen getroffen werden.

Die Sterberate $k_{io}(t)$ (i=1,2) der beiden Teilpopulationen sind proportional der Anzahl sowohl der eigenen als auch der anderen Teilpopulation, also

$$k_{10}(t) = c_{11} \cdot Y_1(t) + c_{12} \cdot Y_2(t) \quad \text{mit } c_{11} > 0, c_{12} > 0 \quad \text{und}$$

$$k_{20}(t) = c_{22} \cdot Y_2(t) + c_{21} \cdot Y_1(t) \quad \text{mit } c_{22} > 0, c_{21} > 0$$

während die Geburtenraten beider Teilpopulationen $r_{ii} \cdot k_{ii}$ (i=1,2) zeitlich konstant sind, dann folgt aus 6.1 für das *Konkurrenz-Verhältnis*:

6.3
$$\dot{Y}_1(t) = r_{11} \cdot k_{11} \cdot Y_1(t) - c_{11} \cdot Y_1^2(t) - c_{12} \cdot Y_1(t) \cdot Y_2(t)$$

$$\dot{Y}_2(t) = r_{22} \cdot k_{22} \cdot Y_1(t) - c_{22} \cdot Y_2^2(t) - c_{21} \cdot Y_1(t) \cdot Y_2(t)$$

Allgemeine Lösungsansätze dieser gekoppelten Differentialgleichungen 6.2 und 6.3 werden bei LOTKA 1953 (64) und VOLTERRA 1931 (102) diskutiert.

Wesentlich ist, daß sich im allgemeinen (siehe auch (90)) ein zeitlich periodisches Verhalten der Populationsgrößen $Y_1(t)$ und $Y_2(t)$ zueinander ergibt. In (1) und (17) wird das Räuber-Beute-Verhältnis als Parasiten-Wirts-Verhältnis betrachtet und die Gleichung 6.2 zur Beschreibung parasitärer Erkrankungen verallgemeinert. DIETZ 1976 (18) berücksichtigt ferner die Zwei-Geschlechtlichkeit der Parasiten.

Betrachten wir nun ein spezielles Symbiose-Verhältnis, nämlich die zweigeschlechtliche Vermehrung, dann können folgende Annahmen gemacht werden.

Die Fertilitätsrate k_1. der Frauen ist proportional der Zahl der Männer, also

$$k_1.(t) = c_1 \cdot Y_2(t) \quad \text{mit } c_1 > 0.$$

Die Sterberaten der Teilpopulationen $k_{io}(t)$ (i=1,2) sind proportional der Gesamtpopulation, also

$$k_{io} = c_{io} \cdot (Y_1(t) + Y_2(t)) \quad \text{mit } c_{io} > 0 \quad (i=1,2)$$

dann folgt für die zweigeschlechtliche Vermehrung:

6.4
$$\dot{Y}_1(t) = -c_{10}(Y_1(t)+Y_2(t)) \cdot Y_1(t) + r_{11} \cdot c_1 Y_1(t) \cdot Y_2(t)$$

$$\dot{Y}_2(t) = -c_{20}(Y_1(t)+Y_2(t)) \cdot Y_2(t) + r_{12} \cdot c_1 Y_1(t) \cdot Y_2(t)$$

Eine ausführliche Darstellung der Modelle für konkurrierende Populationen hat bereits V. VOLTERRA in seinen "Vorlesungen über die mathematische Theorie des Kampfes ums Dasein" im Jahre 1931 vorgelegt (102). Die entsprechende wahrscheinlichkeitstheoretische Behandlung dieser Theorie wurde von W. FELLER im Jahre 1939 entwickelt (28). Weitere stochastische Anwendungen mit bezug auf die Medizin finden sich in (73), (14), (4) und (48). Demographische Anwendungen behandelt N. KEYFITZ (50).

III. Das altersabhängige Ein-Compartmentmodell

Bisher wurden altersunabhängige Ansätze zur mathematischen Darstellung der Populationskinetik vorgestellt. Experimentell beobachtbare Effekte, z.B. Synchronisationseffekte sowie die Abhängigkeit der Zykluszeiten von Mutter- und Tochterzellen, können altersunabhängig jedoch nicht erklärt werden. Es wird gezeigt, daß schon die Betrachtung eines altersabhängigen Ein-Compartmentmodells ausreicht, um diese Effekte mathematisch eindeutig zu definieren.

Das altersabhängige Wachstum kann durch unterschiedliche mathematische Ansätze beschrieben werden. Eine Möglichkeit besteht darin, sogenannte Differential-Differenzengleichungen (9) zu betrachten. Solche Gleichungen werden in der Literatur auch als Funktional-Differentialgleichungen oder retardierte Differentialgleichungen bezeichnet. Biologische Anwendungen finden sich in (42). Man kann für das Ein-Compartment z.B. annehmen, daß die Zellen ein Mindestalter $\tau > 0$ erreichen müssen, bevor die Zellteilung eintritt. Unter dieser Annahme gelangt man für das MALTHUS-Wachstum (II.1) zu der Differential-Differenzengleichung:

$$\dot Y(t) = r \cdot k \cdot Y(t-\tau) - (k+k_o) \cdot Y(t)$$

Der Zellverlust zur Zeit t ist also proportional der Anzahl zur Zeit t vorhandenen Zellen $Y(t)$, während die Zellproduktion proportional der Anzahl der zur Zeit $t-\tau$ vorhandenen Zellen $Y(t-\tau)$ ist. Um diese Wachstumsgleichung zu lösen, muß auf dem Zeitintervall $0 \leq t < \tau$ eine Anfangsfunktion $Y(t)=f(t)$ vorgegeben werden. Die Wahl einer solchen Anfangsfunktion $f(t)$ kann jedoch nur in seltenen Fällen modellmäßig begründet werden. Im folgenden Kapitel wird daher ein allgemeiner altersabhängiger Ansatz dargestellt, der auf VON FOERSTER 1959 (32) zurückgeht, und der obige Differential-Differenzengleichung als Spezialfall enthält (III.4.2). Ferner kann gezeigt werden, daß die Anfangsfunktion $f(t)$ eindeutig durch die Altersverteilung der Zellen bestimmt ist und daß somit bei dieser Betrachtungsweise eine konkrete biologische Interpretation möglich ist.

Neben der Altersabhängigkeit soll auch der auf zufälligen Umwelteinflüssen beruhende stochastische Effekt in der Wachstumskinetik berücksichtigt werden. Eine Möglichkeit bietet die Betrachtung von sogenannten stochastischen Differentialgleichungen (46). Für das MALTHUS-

Wachstum (II.1) kann z.B. angenommen werden, daß die Wachstumsrate µ von zufälligen Einflüssen überlagert ist. Diese Annahme führt zu der stochastischen Differentialgleichung

$$\dot{Y}(t) = (\mu + \epsilon) \cdot Y(t)$$

Dabei ist ϵ eine Zufallsgröße, die auch als "weißes Rauschen" bezeichnet wird. Anwendungen solcher Gleichungen auf Wachstumsprobleme finden sich in (49) und (100). In dieser Arbeit werden Zufallseffekte jedoch durch altersabhängige stochastische Verzweigungsprozesse (40), (47) erklärt. Solche Effekte treten experimentell z.B. bei der Betrachtung sogenannter Koloniegrößen-Spektren auf. Hierbei handelt es sich um In-Vitro-Experimente (96), (97) mit CHO-T71 Fibroblasten, den Ovarzellen des chinesischen Hamsters. Es wird eine bestimmte Anzahl F_0-Mutterzellen in eine Petri-Schale ausgeimpft und nach einer vorgegebenen Wachstumszeit jeder der durch eine Mutterzelle entstandenen Zellstämme ausgezählt. Die so erhaltene Häufigkeitsverteilung wird als Koloniegrößen-Spektrum bezeichnet. Das Koloniegrößenspektrum kann als Wahrscheinlichkeitsverteilung eines altersabhängigen stochastischen Verzweigungsprozesses interpretiert (III.1) und für Zellkolonien, die mit unterschiedlichen Dosen bestrahlt wurden, stochastisch simuliert (III.11) werden.

Das Hauptanliegen dieser Arbeit besteht jedoch darin, eine anwendungsbezogene deterministische Darstellung der altersabhängigen Populationskinetik vorzulegen. Gleichzeitig soll eine Synthese zwischen diskreten (63), (61), (62), (38,86) und stetigen (5), (80), (92) mathematischen Modellen zur Interpretation biologischer Experimente herbeigeführt werden. Das diskrete altersabhängige Modell (III.2), das als Erwartungswert eines multiplen GALTON-WATSON-Prozesses erklärt werden kann, wird nach stetigem Übergang (III.3) mit Hilfe einer partiellen Differentialgleichung (III.4) dargestellt, die durch VON FOERSTER (32) - jedoch mit einer anderen Herleitung - vorgeschlagen wurde.

Diese Darstellung der altersabhängigen Populationskinetik scheint sich gegenüber der in der mathematischen Literatur (28), (65), (40), (47) diskutierten Darstellung von Erwartungswerten stochastischer Verzweigungsprozesse durch Integralgleichungen, speziell der sogenannten BELLMAN-HARRIS-Gleichung (8), bisher noch nicht durchgesetzt zu haben. Es kann jedoch gezeigt werden, daß sowohl die LOTKA'sche Erneuerungsgleichung (III.4) als auch die BELLMAN-HARRIS-Gleichung

(III.4.1) aus der partiellen Differentialgleichung folgt. Darüber hinaus gestattet der VON FOERSTER-Ansatz eine direkte, analog interpretierbare Verallgemeinerung der in Kapitel II diskutierten Modelle auf den Fall der Altersabhängigkeit.

Die Brauchbarkeit dieses Ansatzes wird am Beispiel der Populationskinetik von CHO-T71-Fibroblasten demonstriert. Als Grundlage dient die empirisch gemessene (84) Generationszeit-Verteilung der Fibroblasten, die durch eine entsprechende theoretische Verteilung approximiert (III.6) und in altersabhängige Übergangsraten transformiert wird, so daß die Kinetik nach Vorgabe einer Anfangs-Altersverteilung durch das mathematische Modell eindeutig bestimmt ist und berechnet (III.7) werden kann. Neben der mathematischen Beschreibung und anschaulichen Darstellung von Synchronisationseffekten (III.8 und III.9) wird der Einfluß der Bestrahlung (III.10) auf das Koloniegrößen-Wachstum von CHO-T71-Fibroblasten untersucht und durch das Modell erklärt.

Nach der vollständigen Darstellung des altersabhängigen MALTHUS-Wachstums, das für die In-Vitro-Experimente mit CHO-Fibroblasten vorausgesetzt werden kann, betrachten wir sowohl alters- als auch zeitabhängige Übergangsraten im Ein-Compartmentmodell (III.12) und zeigen, daß sich auch für den Fall des altersabhängigen VERHULST-Wachstums der Begriff des stabilen Wachstums definieren läßt. In III.13 wird die Abhängigkeit der Zykluszeiten von Mutter- und Tochterzellen dargestellt.

Um solche altersabhängigen kinetischen Prozesse, die nicht auf Zellteilung, sondern auf geschlechtlicher Fortpflanzung beruhen, beschreiben zu können, stellen wir analog zu II.5 die altersabhängige geschlechtliche Vermehrung (III.14) durch das Ein-Compartmentmodell dar.

III.1 Das diskrete stochastische Modell

Im folgenden soll ein stochastisches Modell hergeleitet werden, daß die Simulation zufälliger Umwelteinflüsse auf das Wachstum eines Zellstammes ermöglicht. Dieses Modell wird zur Interpretation von Koloniegrößen-Spektren (III.11) bei CHO-Fibroblasten (94), (96), (97) herangezogen. Zur Darstellung von Koloniegrößen-Spektren ist es zunächst nötig, den kinetischen Verlauf eines einzelnen Zellstammes mathematisch zu beschreiben. Wir nehmen an, daß das Koloniegrößen-Wachstum einzelner Zellstämme zufälligen Einflüssen unterliegt und wollen diese durch einen sogenannten multiplen GALTON-WATSON-Prozeß (33), (40), (23) beschreiben.

Um das folgende anschaulich darstellen zu können, betrachten wir ein diskretes Modell, d.h. ein Modell, in dem die absolute Zeit und das Zellalter nicht als kontinuierliche Größen, sondern diskret als Zeitpunkte und Altersklassen eingehen (Abb. 18). Sei also Δt eine Zeiteinheit, z.B. $\Delta t = 1$ sec oder $\Delta t = 1$ h, dann wird die absolute Zeit t nur zu den diskreten Zeitpunkten ($0 \cdot \Delta t$, $1 \cdot \Delta t$, $2 \cdot \Delta t$ usw.) gemessen, während das Zellalter a durch die gleiche Zeiteinheit $\Delta a = \Delta t$ in Klassen eingeteilt wird. Wir sagen, eine Zelle befindet sich in der Altersklasse k, falls für das entsprechende Zellalter a gilt

1.1 $\qquad k \cdot \Delta t \leq a < (k+1) \cdot \Delta t \qquad$ (k-te Altersklasse)
$\qquad$ mit $k = 0,1,2,\ldots,K$, dabei ist
$\qquad$ (K+1) die maximale Anzahl der Altersklassen.

Sei nun $n(t,k)$ die Anzahl der Zellen, die sich zum Zeitpunkt t in der Altersklasse k befinden und $n(t) = (n(t,0),n(t,1)\ldots,n(t,K))'$ ein Vektor, der den gesamten zur Zeit t vorhandenen und in Altersklassen eingeteilten Zell-Bestand beschreibt. Ferner sei $e(k) = (0,\ldots,0,1,0,\ldots,0)'$ der k-te Einheitsvektor, also ein Zellbestand mit einer Zelle, die sich in der k-ten Altersklasse befindet.

Dann läßt sich ein stochastischer Prozeß aus folgender Fragestellung erklären: Gegeben ist zur Zeit t ein tatsächlicher Zellbestand, der aus einer in der k-ten Altersklasse befindlichen Zelle besteht, also $n(t) = e(k)$. Welcher tatsächliche Zellbestand $m = (m(1),m(2),\ldots,m(k))'$ kann dann zum Zeitpunkt $t+\Delta t$ vorhanden sein, also $n(t+\Delta t)=m$, und wie groß ist die Wahrscheinlichkeit, daß dieser Bestandsvektor auftritt, also $P(n(t+\Delta t) = m | n(t) = e(k))$?

Die für das Zellwachstum möglichen Bestandsvektoren $n(t+\Delta t)$ zeigt Abb. 18.

Betrachten wir nun ein Individuum, das sich zur Zeit t in der k-ten Altersklasse befindet, dann sollen im Zeitintervall $(t,t+\Delta t)$ folgende Übergänge mit den entsprechenden bedingten Wahrscheinlichkeiten möglich sein:
- Altern $\quad$ mit Wahrscheinlichkeit $p_1(k)$
- Tod $\quad\quad$ mit Wahrscheinlichkeit $p_0(k)$

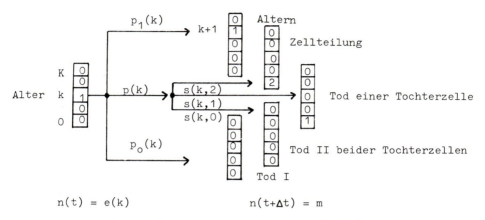

Abb. 18: *Darstellung des multiplen GALTON-WATSON-Prozesses zur Zell-Populationskinetik*

- Teilung mit Wahrscheinlichkeit p(k).

Ferner sei s(k,j) die Wahrscheinlichkeit, daß genau j (j=0,1,2,..., R) Nachkommen erzeugt werden, falls eine Teilung eintritt. Bei der Zellteilung kann R=2 angenommen werden. Da sich ausschließende Ereignisse betrachtet werden, gilt

1.2 $\quad p(k)+p_0(k)+p_1(k) = 1 \quad$ mit $p_1(K) = 0$ und

1.3 $\quad \sum_{j=0}^{R} s(k,j) = 1 \quad$ für alle $\quad k=0,1,2,\ldots,K$

Wir nehmen nun an, daß das Ereignis der Teilung stochastisch unabhängig von der Anzahl der Nachkommen ist, dann ist

1.4 $\quad p(k) \cdot s(k,j)$

die bedingte Wahrscheinlichkeit, im Zeitintervall (t,t+Δt) genau j Nachkommen zu erzeugen, falls sich das Individuum zur Zeit t in der Altersklasse k befindet. Damit sind die möglichen Übergänge n(t) = e(k) $\rightarrow$ n(t+Δt) = m vollständig durch bedingte Wahrscheinlichkeiten P(n(t+Δt)=m|n(t)=e(k)) beschrieben.

Es läßt sich zeigen (etwa (24)), daß durch die hier getroffenen Annahmen ein vektorieller stochastischer Verzweigungsprozeß n(t) beschrieben ist, der die MARKOFF-Eigenschaft besitzt. Die MARKOFF-Eigenschaft besagt, daß der Zustand des Prozesses zur Zeit t nur von dem Zustand des Prozesses zur Zeit t-Δt und nicht von früheren Zuständen explizit abhängig ist. Neben der MARKOFF-Eigenschaft wird insbesondere die Unabhängigkeitsannahme getroffen, daß die Individuen sich gegenseitig in ihren Reaktionen nicht beeinflussen. Die zusätzliche Annahme der zeitlichen Homogenität, d.h. daß die altersabhängigen Übergangswahrscheinlichkeiten zeitunabhängig sind, ist nicht unbedingt erforderlich. Es können durchaus zeit- und altersabhängige Übergangswahrscheinlichkeiten betrachtet werden.

Die Theorie der multiplen GALTON-WATSON-Prozesse soll an dieser Stelle nicht vertieft werden, wie verweisen hierzu auf HARRIS (40) oder JAGERS (47). Festzustellen bleibt, daß mit Hilfe von digitalen Rechenanlagen die in Abb. 18 dargestellten Übergänge aufgrund der bedingten Wahrscheinlichkeiten durch Zufallsgeneratoren ausgeführt werden können und somit das Wachstum eines einzelnen Zellstammes simuliert werden kann (siehe III.7 und III.11). Eine explizite mathematische Berechnung des stochastischen Kolonie-Wachstums ist nicht möglich. Hingegen bereitet die mathematische Darstellung der Erwartungswerte des Prozesses, also der mittleren Koloniegrößen, keine Schwierigkeiten, da sich ein Verzweigungsprozeß dadurch auszeichnet, daß die wahrscheinlichkeitserzeugende Funktion und damit der Erwartungswert des Prozesses iterativ berechnet werden kann (40).

III.2 Bestimmung der Populationsmatrix

Wir wollen nun den mittleren Wachstumsverlauf, also den Erwartungswert des im vorigen Abschnitt definierten Wachstums-Prozesses, darstellen. Aufgrund der iterativen Berechnung der wahrscheinlichkeitserzeugenden Funktion des mehrdimensionalen GALTON-WATSON-Prozesses (40) kann dieser Erwartungswert explizit dargestellt werden. Wir definieren zunächst folgende bedingte Erwartungswerte

2.1
$$a_{k,0} = E(n(t+\Delta t,0) \mid n(t) = e(k))$$
$$a_{k,k+1} = E(n(t+\Delta t,k+1) \mid n(t) = e(k))$$

Dieser Ausdruck kann wie folgt interpretiert werden: Befinden sich zur Zeit t sämtliche Zellen in der Altersklasse k ($n(t) = e(k)$), dann befindet sich zur Zeit $t+\Delta t$ der Anteil $a_{k,0}$ in der Altersklasse $k=0$ (Tochterzellen) und der Anteil $a_{k,k+1}$ in der Altersklasse $k+1$ (Alten). Der Anteil der Zellen, die im Zeitintervall $(t,t+\Delta t)$ durch Zellteilung oder Tod aus der Population ausscheiden ist $1-a_{k,k+1}$. Die bedingten Erwartungswerte können direkt aus den bedingten Übergangswahrscheinlichkeiten in III.1 ermittelt werden:

2.2 $\quad a_{k,0} = p(k) \cdot r(k) \quad (k=0,1,2,\ldots,K)$

$\quad a_{k,k+1} = p_1(k) \quad (k=0,1,2,\ldots,(K-1))$

dabei ist

2.3 $\quad r(k) = \sum_{j=0}^{R} j \cdot s(k,j)$

die mittlere Anzahl der Tochterzellen, die bei der Zellteilung einer in der Altersklasse k befindlichen Mutterzelle entstehen.

Fassen wir die bedingten Erwartungswerte in Matrixform zusammen

2.4 $\quad A = \begin{bmatrix} a_{00} & a_{10} & a_{20} & \cdot & a_{K-1,0} & a_{K0} \\ a_{01} & 0 & 0 & \cdot & 0 & 0 \\ 0 & a_{12} & 0 & \cdot & 0 & 0 \\ \cdot & \cdot & \cdot & \cdot & \cdot & \cdot \\ 0 & 0 & 0 & \cdot & 0 & 0 \\ 0 & 0 & 0 & \cdot & a_{K-1,K} & 0 \end{bmatrix}$

dann folgt aus 2.1 für die bedingten Erwartungswerte ganz allgemein

2.5 $\quad E(n(t+\Delta t) | n(t)) = A \cdot n(t)$

Die Matrix A der bedingten Erwartungswerte wird in der Literatur als Populationsmatrix (40), als Projektionsmatrix (23) oder als LESLIE-Matrix (63), (38), (39) bezeichnet.

Sei nun

2.6 $\quad z(t) = E(n(t))$

der absolute Erwartungswert für den stochastischen Prozeß $n(t)$ und $z(t) = (z(t,0), z(t,1), \ldots, z(t,K))'$ der mittlere Bestands-Vektor der Zellpopulation zur Zeit t. Dabei ist $z(t,k)$ die mittlere Anzahl in der Altersklasse k befindlicher Zellen zur Zeit t $(k=0,1,2,\ldots,K)$.

$Z(t) = \sum_{k=0}^{K} z(t,k)$ ist die mittlere Gesamtzahl Zellen zur Zeit t.

Für den absoluten Erwartungswert gilt

2.7 $\qquad E(n(t)) = E(n(t))|n(0))$

falls n(0) nicht stochastisch ist (siehe (24)).

Damit kann aus einer vorgegebenen Anfangs-Altersverteilung z(0) das mittlere Zellzahlwachstum 2.6 explizit berechnet werden:

2.8 $\qquad z(t) = A^l \cdot z(0)$ für $t = l \cdot \Delta t$ und $l = 0,1,2,\ldots$

Diese Darstellung ist die Grundlage diskreter deterministischer Modelle in der Populationskinetik. Für medizinisch-biologische Beispiele verweisen wir auf LEFKOVITCH (61), (62), HAHN (38), (39) und ROTI ROTI-OKADA (86). Demographische Anwendungen und eine eingehende Darstellung der Theorie der diskreten linearen Modelle in der Populationskinetik geben FEICHTINGER und DEISTLER (24).

Die iterative Bestimmung

2.9 $\qquad z(t+\Delta t) = A \cdot z(t)$

des mittleren Bestands-Vektors z(t) zeigt Abb. 19.

$$\begin{bmatrix} z(t+\Delta t,0) \\ z(t+\Delta t,1) \\ z(t+\Delta t,2) \\ z(t+\Delta t,3) \\ z(t+\Delta t,4) \end{bmatrix} = \begin{bmatrix} a_{00} & a_{10} & a_{20} & a_{30} & a_{40} \\ a_{01} & 0 & 0 & 0 & 0 \\ 0 & a_{12} & 0 & 0 & 0 \\ 0 & 0 & a_{23} & 0 & 0 \\ 0 & 0 & 0 & a_{34} & 0 \end{bmatrix} \cdot \begin{bmatrix} z(t,0) \\ z(t,1) \\ z(t,2) \\ z(t,3) \\ z(t,4) \end{bmatrix}$$

$$a_{k0} = r(k) \cdot p(k)$$
$$a_{k,k+1} = p_1(k)$$

Abb. 19. *Iterative Darstellung $z(t+\Delta t) = A \cdot z(t)$ des Erwartungswertes $z(t) = E(n(t))$ des multiplen GALTON-WATSON-Prozesses*

Diese Darstellung wird in Kapitel III verwendet, um das mittlere Koloniegrößenwachstum mit Hilfe von Rechenanlagen numerisch zu bestimmen. Die Iteration 2.9 kann wegen der besonderen Form der Matrix A auch explizit dargestellt werden, dies geschieht im nächsten Abschnitt.

III.3 Stetiger Übergang

Wir wollen nun untersuchen, auf welche Weise der Erwartungswert des Prozesses dargestellt werden kann, falls keine endlichen Zeitintervalle $(t,t+\Delta t)$ sondern infinitesimale Zeitintervalle $(t,t+dt)$ betrachtet werden. Der Erwartungswert des diskreten Prozesses 2.9 soll also in den Erwartungswert eines stetigen Prozesses überführt werden.

Betrachten wir die Iteration 2.9, dann läßt sich $z(t+\Delta t) = A \cdot z(t)$ komponentenweise darstellen als

3.1 $\quad z(t+\Delta t,0) = \sum_{k=0}^{K} a_{k0} \cdot z(t,k) \quad$ und

3.2 $\quad z(t+\Delta t, k+1) = a_{k,k+1} \cdot z(t,k) \quad$ für $k = 0,1,\ldots,K-1$

Die Gleichung 3.2 kann auch dargestellt werden als

3.3 $\quad z(t+\Delta t, k+1) - z(t,k) = -(1-a_{k,k+1}) \cdot z(t,k)$

dabei ist wegen 2.2 und 1.2

3.4 $\quad 1-a_{k,k+1} = p_0(k) + p(k)$

Sei $y(t,a)$ eine stetige Altersdichte-Funktion, in der auch das Alter $a \geq 0$ und die Zeit $t \geq 0$ als stetige Größen angesehen und in gleichen Einheiten gemessen werden. Betrachten wir nun a speziell als den Klassenanfang der k-ten Altersklasse, dann ist der Zusammenhang zwischen der diskreten und der stetigen Darstellung gegeben durch

3.5 $\quad z(t,k) = \int_{k \cdot \Delta a}^{(k+1) \cdot \Delta a} y(t,x) dx \cong y(t,a) \cdot \Delta a$

$y(t,a) \cdot \Delta a$ ist die Anzahl der Zellen, die sich zur Zeit t in der Altersklasse $(a, a+\Delta a)$ befinden. Ferner ist $z(t+\Delta t, k+1) \cong y(t+\Delta t, a+\Delta t) \cdot \Delta a$ die Anzahl derjenigen Zellen, die im Zeitintervall $(t, t+\Delta t)$ in die Altersklasse $(a+\Delta t, a+\Delta t+\Delta a)$ übergehen und die sich zur Zeit t in der

Altersklasse (a,a+Δa) befinden. Also ist [y(t+Δt,a+Δt)-y(t,a)]·Δa die Anzahl derjenigen Zellen, die sich zur Zeit t in der Altersklasse (a,a+Δa) befinden und die im Zeitintervall (t,t+Δt) aus der Population ausscheiden. Führt man eine Taylor-Entwicklung nach Δt durch, dann gilt

3.6 $\qquad y(t+\Delta t, a+\Delta t) - y(t,a) = \frac{\partial y(t,a)}{\partial t} \cdot \Delta t + \frac{\partial y(t,a)}{\partial a} \cdot \Delta t + o(\Delta t)$

Das Symbol $o(\Delta t)$ bedeutet, daß in der Reihenentwicklung nur noch Glieder höherer Ordnung als Δt folgen. Wir betrachten nun 3.4 den Anteil $(1-a_{k,k+1}) = p_o(k) + p(k)$ der Zellen, die im Zeitintervall (t,t+Δt) durch Tod oder Zellteilung aus der Population ausscheiden, bezogen auf alle Zellen, die sich zur Zeit t in der Altersklasse (a,a+Δa) befinden. Dieser Anteil kann dargestellt werden als

3.7 $\qquad 1-a_{k,k+1} \hat{=} p_o(a) + p(a) = (k_o(a) + k(a)) \cdot \Delta t + o(\Delta t)$

Dabei ist $k_o(a)$ [1/Zeit] die altersabhängige Mortalitätsrate und $k(a)$ [1/Zeit] die altersabhängige Generationsrate. Multiplizieren wir 3.6 mit Δa und 3.7 mit $-y(t,a) \cdot \Delta a$, dann entspricht 3.6 der linken Seite von 3.3 und 3.7 der rechten Seite von 3.3. Dividieren wir durch Δt und Δa und bilden $\Delta t \rightarrow 0$ dann gilt $\lim_{\Delta t \rightarrow 0} \frac{o(\Delta t)}{\Delta t} = 0$ und man erhält eine partielle Differentialgleichung, die den Zellverlust beschreibt.

3.8 $\qquad \frac{\partial y(t,a)}{\partial t} + \frac{\partial y(t,a)}{\partial a} = -(k_o(a)+k(a)) \cdot y(t,a)$

Die Zellproduktion wird durch 3.1 beschrieben und es ist $z(t+\Delta t,0) \hat{=} y(t,0) \cdot \Delta t$ die Gesamtzahl der Zellen, die im Zeitintervall (t,t+Δt) neu produziert werden.

3.9 $\qquad a_{k,o} = r(k) \cdot p(k) \hat{=} r(a) \cdot p(a) = r(a) \cdot k(a) \cdot \Delta t + o(\Delta t)$

ist der Anteil der Zellen, die im Zeitintervall (t,t+Δt) produziert werden, bezogen auf diejenigen Zellen, die sich zur Zeit t in der Altersklasse (a,a+Δa) befinden. Die entsprechende Anzahl der produzierten Zellen ergibt sich durch Multiplikation mit $y(t,a) \cdot \Delta a$. Durch geeignete Grenzwertbildungen ergibt sich daher aus 3.1 die Integraldarstellung der Zellproduktion

3.10 $\qquad y(t,0) = \int_0^\infty r(a) \cdot k(a) \cdot y(t,a) da$

falls der Altersbereich nicht eingeschränkt wird.

Durch die partielle Differentialgleichung 3.8 mit der Randbedingung
3.10 ist bei vorgegebener Anfangs-Altersdichte y(0,a) der mittlere
Wachstumsverlauf für den stetigen Fall bestimmt. Die Darstellung
populationskinetischer Prozesse durch eine partielle Differentialgleichung geht auf VON FOERSTER (32) zurück und scheint praktikabler
zu sein als die in der Literatur übliche Darstellung der Erwartungswerte von Verzweigungsprozessen durch BELMMAN-HARRIS-Gleichungen (siehe III.4.1).

III.4 Altersabhängiges MALTHUS-Wachstum

Durch die VON FOERSTER-Gleichung sind wir in der Lage, die altersabhängige Wachstumskinetik mit Hilfe einer partiellen Differentialgleichung darzustellen. Bei der Herleitung dieser Gleichung wurden altersabhängige, jedoch zeitunabhängige Übergangsraten betrachtet. Durch
die zeitliche Homogenität der Übergangsraten ist das MALTHUS-Wachstum definiert. Auf diese Annahme kann verzichtet werden, da die Aussagen der vorangegangenen Abschnitte auch auf zeitabhängige Übergangswahrscheinlichkeiten übertragbar sind. Den Fall der Zeit- und
Altersabhängigkeit betrachten wir in III.12. Für viele biologische
Experimente, z.B. für Wachstumsexperimente bei CHO-Fibroblasten und
bei renalen Sarkomen, ist jedoch die Anfangsphase des Wachstums, die
durch das MALTHUS-Wachstum bestimmt ist, von besonderem Interesse.

Für den Fall des Ein-Compartmentmodells (Abb.1) kann das altersabhängige MALTHUS-Wachstum also analog zu Kapitel II durch Zellverlust und
Zellproduktion mit Hilfe einer partiellen Differentialgleichung beschrieben werden.

Zellverlust

4.1 $$\frac{\partial y(t,a)}{\partial t} + \frac{\partial y(t,a)}{\partial a} = -(k_o(a)+k(a)) \cdot y(t,a)$$

Zellproduktion

4.2 $$y(t,0) = \int_0^\infty r(a) \cdot k(a) \cdot y(t,a) \, da$$

Anfangs-Altersdichte

4.3 $$y(0,a) = u_o(a)$$

Die partielle Differentialgleichung 4.1 beschreibt den Individuen-Verlust, während die Randbedingung 4.2 die Individuen-Produktion zur Zeit t und die Randbedingung 4.3 die Altersverteilung der Population zum Zeitpunkt t=0 darstellt.

Zunächst sollen die Parameter des Modells interpretiert werden:

t [Zeit]   ist die absolute Zeit   ($t \geq 0$)
a [Zeit]   ist das (Zell-) Alter   ($a \geq 0$)

y(t,a) [Anzahl/Zeit] ist die *Altersdichte-Funktion*, dabei ist y(t,a)da die Anzahl der Zellen, die sich zur Zeit t in der Altersklasse (a,a+da) befinden und y(t,0)dt die Gesamtzahl der Tochterzellen, die im Zeitintervall (t,t+dt) neu entstehen.

$Y(t) = \int_0^\infty y(t,a)\,da$ [Anzahl] ist die Gesamtzahl der Zellen zur Zeit t.

k(a) [1/Zeit] ist die *Generationsrate*, also ist k(a)dt der Anteil der Zellen, die sich im Zeitintervall (t,t+dt) teilen, bezogen auf alle Zellen, die sich zur Zeit t in der Altersklasse (a,a+da) befinden.

$k_o(a)$ [1/Zeit] ist die *Mortalitätsrate*, also ist $k_o(a)$dt der Anteil der Zellen, die im Zeitintervall (t,t+dt) sterben, bezogen auf alle Zellen, die sich zur Zeit t in der Altersklasse (a,a+da) befinden.

r(a) [dimensionslos] ist die *Reproduktion*, also die mittlere Zahl von Tochterzellen, die bei der Teilung einer Mutterzelle, die sich zur Zeit t in der Altersklasse (a,a+da) befindet, produziert werden. Im allgemeinen gilt r(a) = r = 2.

r(a)·k(a) [1/Zeit] ist die *altersspezifische Geburtenrate*, also ist r(a)·k(a)dt der Anteil der Tochterzellen, die im Zeitintervall (t,t + dt) produziert werden, bezogen auf alle Zellen, die sich zur Zeit t in der Altersklasse (a,a+da) befinden.

$\lambda(a) = k_o(a)+k(a)$ [1/Zeit] ist die *altersspezifische Absterberate*.

Löst man nun die partielle Differentialgleichung 4.1 dann folgt (etwa (98)):

4.4 $\qquad y(t,a) = y(t-a,0) \cdot \mathrm{Exp}\,[-\int_0^a (k_o(x)+k(x))\,dx]$ für $0 \leq a \leq t$

$$y(t,a) = y(0,a-t) \cdot \text{Exp}\left[-\int_{a-t}^{a}(k_o(x)+k(x))dx\right] \quad \text{für } t \leq a < \infty$$

Bezeichnen wir

4.5
$$G(a) = \text{Exp}\left[-\int_{0}^{a}(k_o(x)+k(x))dx\right]$$

dann kann 4.4 dargestellt werden durch

4.6
$$y(t,a) = \begin{cases} y(t-a,0) \cdot G(a) & \text{für } 0 \leq a \leq t \\ y(0,a-t) \cdot \dfrac{G(a)}{G(a-t)} & \text{für } t \leq a < \infty \end{cases}$$

Wir werden sehen (III.5), daß G(a) der Anteil der Zellen ist, die mindestens das Alter a erreichen, bezogen auf die Gesamtzahl aller Zellen. Dieser Anteil G(a) wird als *Lebenstafel* bezeichnet. Der Anteil der Zellen, die höchstens das Alter a erreichen ist somit H(a) = 1 - G(a) und wird als *Sterbetafel* bezeichnet. H(a) ist die Verteilungsfunktion der Aufenthaltszeit bei altersabhängigem MALTHUS-Wachstum (siehe III.5).

Setzt man nun 4.6 in 4.2 ein, dann folgt

4.7
$$y(t,0) = \int_{0}^{t} r(a) \cdot k(a) \cdot G(a) y(t-a,0) da$$
$$+ \int_{t}^{\infty} r(a) \cdot k(a) \cdot \frac{G(a)}{G(a-t)} y(0,a-t) da$$

Formen wir den zweiten Summanden um, dann folgt

4.8
$$y(t,0) = \int_{0}^{t} r(a) \cdot k(a) \cdot G(a) \cdot y(t-a,0) da$$
$$+ \int_{0}^{\infty} r(a+t) \cdot k(a+t) \cdot \frac{G(a+t)}{G(a)} y(0,a) da$$

Gleichung 4.8 ist als Erneuerungs-Gleichung von LOTKA bekannt (65), (29).

Der Kern der Integralgleichung 4.8

4.9
$$\phi(a) = r(a) \cdot k(a) \cdot G(a)$$

heißt in der Bevölkerungsmathematik die Netto-Maternitäts-Funktion.

Wir können 4.8 durch 4.9 vereinfachen zu

4.10 $\quad y(t,0) = \int_0^t \phi(a) \cdot y(t-a,0)\,da + \int_0^\infty \frac{\phi(a+t)}{G(a)} y(0,a)\,da$

Ist die Anfangs-Altersdichte-Funktion $y(0,a) = u_0(a)$ gegeben, so stellt 4.10 die Bedingungsgleichung für $y(t,0)$ dar.

Die Lösung der LOTKA'schen Integralgleichung 4.10 existiert und ist eindeutig, falls $\phi(a)$ und $y(0,a)$ für hinreichend großes a verschwinden. Sie kann analytisch als Exponentialreihenentwicklung

4.11 $\quad y(t,0) = \sum_j Q(s_j) \cdot e^{s_j \cdot t}$

dargestellt werden (29), (90). Dabei ist s_j eine Folge von reellen oder komplexen Nullstellen (siehe III.8), deren explizite numerische Bestimmung nur approximativ mit Hilfe von Rechenanlagen möglich ist. Wichtig bleibt festzustellen, daß die Lösung der partiellen Differentialgleichung 4.1 mit den Randbedingungen 4.2 und 4.3 bei gegebener Anfangs-Altersdichte und gegebenen Übergangsraten zurückzuführen ist auf die Lösung der LOTKA'schen Erneuerungsgleichung 4.10. Setzt man die Lösung der LOTKA'schen Gleichung in 4.4 ein, dann ist die Altersdichte-Funktion $y(t,a)$ eindeutig bestimmt.

Die Gesamtzellzahl zur Zeit t ist gegeben durch

$$Y(t) = \int_0^\infty y(t,a)\,da$$

Setzt man 4.6 ein, dann folgt für die Gesamtzellzahl

4.12 $\quad Y(t) = \int_0^t G(a) \cdot y(t-a,0)\,da + \int_0^\infty \frac{G(a+t)}{G(a)} y(0,a)\,da$

III.4.1 Die BELLMAN-HARRIS Integralgleichung

Wir wollen nun zeigen, daß sich aus 4.1 und 4.2 auch die BELLMAN-HARRIS-Gleichung (8) herleiten läßt (siehe auch (69)).

Integrieren wir die partielle Differentialgleichung 4.1 über das Alter a und berücksichtigen

$$\dot{Y}(t) = \int_0^\infty \frac{\partial y(t,a)}{\partial t} \cdot da \text{ sowie } \lim_{a \to \infty} y(t,a) = 0,$$

dann folgt aus 4.1

4.1.1 $\quad \dot{Y}(t) = y(t,0) - \int_0^\infty (k_o(a)+k(a))y(t,a)\,da$

Nehmen wir an, daß die Reproduktion $r = r(a)$ nicht vom Alter a abhängt, dann folgt aus 4.1.1 und 4.2

4.1.2 $\quad \dot{Y}(t) = (1 - \frac{1}{r}) \cdot y(t,0) - \int_0^\infty k_o(a)y(t,a)\,da$

Wir nehmen nun an, daß zur Zeit t=0 eine einzige Mutterzelle im Alter a=0 existiert, d.h.

$$y(0,a)\,da = \begin{cases} 1 & \text{im Intervall } (0,da) \\ 0 & \text{im Intervall } (da,\infty) \end{cases}$$

dann ist

$$\int_0^\infty \frac{G(a+t)}{G(a)} \cdot y(0,a)\,da = G(t)$$

und aus 4.1.2 folgt

4.1.3 $\quad Y(t) = \int_0^t G(a)y(t-a,0)\,da + G(t)$

Ferner nehmen wir an, daß die Mortalitätsrate $k_o(a)$ verschwindet, also $k_o(a) = 0$, und setzen 4.1.2 in 4.1.3 ein, dann folgt

4.1.4 $\quad Y(t) = G(t) + \frac{r}{r-1} \int_0^t G(a) \cdot \dot{Y}(t-a)\,da$

Durch partielle Integration folgt aus 4.1.4

4.1.5 $\quad Y(t) = G(t) - r \cdot \int_0^t Y(t-a) \cdot g(a)\,da \text{ mit } g(a) = \frac{dG}{da}$

Dies ist die bekannte BELLMAN-HARRIS-Gleichung. Betrachtet man nicht die Lebenstafel $G(a)$, sondern die Sterbetafel $H(a) = 1-G(a)$, dann gilt

4.1.6 $\quad Y(t) = 1-H(a) + r \cdot \int_0^t Y(t-a) \cdot h(a)\,da \text{ mit } h(a) = \frac{dH}{da}$

III.4.2 Die Differential-Differenzengleichung

Es soll gezeigt werden, daß aus der VON FOERSTER-Gleichung unter speziellen Annahmen auch die schon erwähnte Differential-Differenzengleichung hergeleitet werden kann. Die Gleichung

4.2.1 $\quad \dot{Y}(t) = r \cdot k \cdot Y(t-\tau) - (k+k_o) \cdot Y(t)\quad$ für $\tau \leq t < \infty$

ergibt sich aus dem VON FOERSTER-Ansatz bei altersunabhängiger Reproduktion $r(a) = r$, falls die Übergangsraten wie folgt definiert sind:

4.2.2 $\quad k(a) = \begin{cases} 0 & \text{für } 0 \leq a < \tau \\ k & \text{für } \tau \leq a < \infty \end{cases}$

4.2.3 $\quad k_o(a) = \begin{cases} 0 & \text{für } 0 \leq a < \tau \\ k_o & \text{für } \tau \leq a < \infty \end{cases}$

Dabei ist $\tau > 0$ die Zeitverzögerung.

Wir wollen den Beweis eingehend behandeln, zumal durch die VON FOERSTER-Gleichung auch die für 4.2.1 vorzugebende Anfangsfunktion $Y(t) = f(t)$ für $0 \leq t < \tau$ bestimmt werden kann.

Aus 4.2 und 4.2.2 folgt

4.2.4 $\quad y(t,0) = r \cdot k \cdot \int_\tau^\infty y(t,a)\, da$

Aus 4.1.2 und 4.2.3 folgt

4.2.5 $\quad \dot{Y}(t) = (1 - \frac{1}{r}) \cdot y(t,0) - k_o \cdot \int_\tau^\infty y(t,a)\, da$

Somit gilt wegen 4.2.4 und 4.2.5

4.2.6 $\quad y(t,0) = \dot{Y}(t) \cdot (1 - \frac{k+k_o}{r \cdot k})^{-1}\quad$ für alle $0 \leq t < \infty$

Ferner folgt aus 4.5 und 4.2.2 sowie 4.2.3

4.2.7 $\quad G(a) = \begin{cases} 1 & \text{für } 0 \leq a < \tau \\ \text{Exp}\,[-(k+k_o) \cdot (a-\tau)] & \text{für } \tau \leq a < \infty \end{cases}$

und für das Zeitintervall $\tau \leq t < \infty$ gilt

4.2.8 $\quad \dfrac{G(a+t)}{G(a)} = \begin{cases} \text{Exp}\,[-(k+k_o) \cdot (a+t-\tau)] & \text{für } 0 \leq a < \tau \\ \text{Exp}\,[-(k+k_o) \cdot t] & \text{für } \tau \leq a < \infty \end{cases}$

Setzen wir 4.2.7 und 4.2.8 in 4.12 ein, dann folgt für das Zeitintervall $\tau \leq t < \infty$

$$4.2.9 \quad Y(t) = \int_0^\tau y(t-a,0)\,da + \int_\tau^t e^{-(k+k_o)(a-\tau)} \cdot y(t-a,0)\,da$$

$$+ \int_0^\tau e^{-(k+k_o)(a+t-\tau)} \cdot y(0,a)\,da$$

$$+ e^{-(k+k_o)\cdot t} \cdot \int_\tau^\infty y(0,a)\,da$$

Nach Umformung von 4.2.9 gilt

$$4.2.10 \quad e^{(k+k_o)\cdot(t-\tau)} \cdot [Y(t) - \int_{t-\tau}^t y(x,0)\,dx] = \int_0^{t-\tau} e^{(k+k_o)\cdot x} y(x,0)\,dx$$

$$+ \int_0^\tau e^{-(k+k_o)a} y(0,a)\,da + e^{-(k+k_o)\cdot \tau} \cdot \int_\tau^\infty y(0,a)\,da$$

Differenzieren wir 4.2.10 nach t, dann folgt

$$4.2.11 \quad \dot Y(t) = y(t,0) + (k+k_o) \cdot \int_{t-\tau}^t y(x,0)\,dx - (k+k_o)\cdot Y(t)$$

Setzen wir 4.2.6 in 4.2.11 ein, dann folgt für das Zeitintervall $\tau \leq t < \infty$ die Differential-Differenzengleichung 4.2.1.

Nun soll die Anfangsfunktion $Y(t) = f(t)$ für das Zeitintervall $0 \leq t < \tau$ berechnet werden. Für das Zeitintervall $0 \leq t < \tau$ gilt nach 4.5 und 4.2.2 sowie 4.2.3

$$4.2.12 \quad \frac{G(a+t)}{G(a)} = \begin{cases} 1 & \text{für } 0 \leq a < \tau - t \\ \text{Exp}[-(k+k_o)\cdot(a+t-\tau)] & \text{für } \tau - t \leq a < \tau \\ \text{Exp}[-(k+k_o)\cdot t] & \text{für } \tau \leq a < \infty \end{cases}$$

Da das Zeitintervall $0 \leq t < \tau$ betrachtet wird, gilt nach 4.2.7
$\int_0^t G(a)\cdot y(t-a,0)\,da = \int_0^t y(t-a,0)\,da$ und damit folgt aus 4.12

$$4.2.13 \quad Y(t) = \int_0^t y(t-a,0)\,da + \int_0^\infty \frac{G(a+t)}{G(a)} y(0,a)\,da$$

Setzen wir 4.2.6 in 4.2.13 ein, dann folgt

$$4.2.14 \quad Y(t) = \frac{r\cdot k}{k+k_o} \cdot Y(0) + (1 - \frac{r\cdot k}{k+k_o}) \cdot \int_0^\infty \frac{G(a+t)}{G(a)} y(0,a)\,da$$

Damit ist gezeigt, daß die Anfangsfunktion $Y(t) = f(t)$ im Zeitintervall $0 \leq t < \tau$ eindeutig durch die Anfangsaltersverteilung $y(0,a) = u_o(a)$ festgelegt ist. Die Gesamtzahl der Zellen zur Zeit $t=0$ kann durch $Y(0) = \int_0^\infty y(0,a)\,da$ dargestellt werden.

III.5 Übergangsraten und Generationszeit-Verteilung

Die Übergangsraten $k(a)$ und $k_o(a)$ können im allgemeinen bei Zellwachstumsexperimenten nicht direkt gemessen werden. Meßbare Größen bei Zell-Populationen sind
- die Verteilung der Generationszeiten (Zykluszeiten) und
- die Verteilung der Gesamt-Aufenthaltszeiten.

Wie schon in II.1 ausführlich dargestellt, ist $H(t',t'+a)$ der Anteil der Zellen, die höchstens das Alter a erreichen, bezogen auf alle Zellen die im Zeitintervall $(t'-dt',dt)$ entstehen. Die Verteilungs-Funktion der Aufenthaltszeiten $H(t',t'+a)$ ist gegeben durch (siehe II.1)

5.1 $$\frac{\partial H(t',t'+a)}{\partial a} = (1-H(t',t'+a)) \cdot (k_o(a)+k(a))$$

mit der Anfangsbedingung $H(t',t') = 0$ für alle t'. Daraus folgt

5.2 $$H(a) = H(t',t'+a) = 1 - \mathrm{Exp}\left(-\int_0^a (k_o(x)+k(x))\,dx\right)$$

Die Verteilungs-Dichte der Aufenthaltszeiten ist

5.3 $$h(a) = \frac{dH(a)}{da} = (k_o(a)+k(a)) \cdot \mathrm{Exp}\left(-\int_0^a (k_o(x)+k(x))\,dx\right)$$

und es gilt

5.4 $$H(a) = \int_0^a h(x)\,dx \quad \text{mit } H(0)=0 \text{ und } \lim_{a \to \infty} H(a) = 1.$$

$H(a)$ wird als *Sterbetafel* und $G(a) = 1-H(a)$ als *Lebenstafel* bezeichnet.

$F(t',t'+a)$ ist der Anteil der Zellen, die den Zellverband durch Zellteilung verlassen und höchstens das Alter a erreichen, bezogen auf alle Zellen die im Zeitintervall $(t'-dt',t')$ entstehen. Die Verteilung der Generationszeiten $F(t',t'+a)$ ist gegeben durch (siehe II.1):

5.5 $\quad \dfrac{\partial F(t',t'+a)}{\partial a} = (1-H(t',t'+a)) \cdot k(a)$

Daraus folgt

5.6 $\quad f(a) = \dfrac{\partial F(t',t'+a)}{\partial a} = k(a) \cdot \text{Exp}\left(-\int\limits_0^a (k_0(x)+k(x))\,dx\right)$

und

5.7 $\quad F(a) = F(t',t'+a) = \int\limits_0^a f(x)\,dx$

Die Aufenthaltszeit und die Generationszeit der Zellen sind bei MALTHUS-Wachstum also unabhängig von der Geburtszeit t'. Die altersabhängigen Übergangsraten können somit berechnet werden.

5.8 $\quad k_0(a)+k(a) = \dfrac{h(a)}{1-H(a)}$

5.9 $\quad k(a) = \dfrac{f(a)}{1-H(a)}$

III.6 Numerische Bestimmung der Generationszeitverteilung am Beispiel von CHO-Fibroblasten

Aus Abschnitt III.4 und III.5 geht hervor, daß die Kinetik einer Zellpopulation eindeutig bestimmt ist, wenn die Verteilung der Generationszeiten und der Aufenthaltszeiten sowie die Anfangs-Altersdichte bekannt ist.

In der Literatur werden im wesentlichen folgende theoretische Verteilungen zur Approximation der empirischen Generationszeitverteilung herangezogen:

- Normalverteilung (5)
- Log-Normalverteilung (5), (55)
- reziproke Normalverteilung (55)
- Gamma-Verteilung (99), (60)
- x^2-Typ-Verteilung (3).

Bei der Log-Normalverteilung werden die Logarithmen der Generationszeiten als normalverteilt angesehen, während bei der reziproken Normalverteilung die Inversen der Generationszeiten als normalverteilt vorausgesetzt werden. Es ist bekannt (88), daß sich eine Normalverteilung nur in den Extrembereichen von einer logistischen Verteilung unterscheidet. Während die logistische Verteilungsfunktion geschlossen dargestellt werden kann, ist dies für die Verteilungsfunktion der Normalverteilung nicht der Fall.

Da die Messung von Generationszeiten sehr aufwendig ist und sich daher die Frage stellt, auf welche Weise man mit relativ wenigen Messungen eine optimale Schätzung für die tatsächliche Verteilung erhalten kann, ist es angebracht, nicht die empirische Verteilungsdichte sondern die empirische Verteilungsfunktion zu approximieren. Anstelle einer log-Normalverteilung wird deshalb eine log-logistische Verteilung zur Approximation empirisch gemessener Generationszeiten von CHO-Fibroblasten (84) angenommen.

Ein mathematisches Modell für die Verteilung der Generationszeiten existiert nicht. Die Wahl einer theoretischen Generationszeitverteilung kann einerseits von der Güte der Anpassung an eine empirische Generationszeitverteilung andererseits jedoch auch von mathematischen Gesichtspunkten abhängig gemacht werden. So kann man etwa fordern, daß die theoretische Verteilungsfunktion geschlossen darstellbar ist oder, für den Fall von Multi-Compartmentmodellen, daß die Verteilung der Aufenthaltszeiten in den einzelnen Compartments sowie die Verteilung der Gesamtzykluszeit stets vom gleichen Typ sind, wie dies etwa für die Normal-, die Poisson- oder X^2-Typ-Verteilung gilt (3).

Wir nehmen nun eine log-logistische Verteilung der Generationszeiten an. Da bei dem betrachteten Experiment (Abb. 20) sämtliche Zellen in Teilung übergehen, ist die Generationszeit identisch mit der Aufenthaltszeit.

6.1 $$H(a) = \begin{cases} 0 & \text{für } 0 \leq a < a_o \\ \dfrac{1}{1+\mathrm{Exp}(\alpha+\beta\cdot\ln(a-a_o))} & \text{für } a_o \leq a < \infty \end{cases}$$

dabei ist

a [Zeit] die Generationszeit
a_o [Zeit] die Zeitverzögerung bzw. das Alter, das eine Zelle mindestens erreichen muß, um sich zu teilen ($a_o \geq 0$)
α und β Parameter der Verteilung.

Wir gehen also davon aus, daß sich alle beobachteten Zellen teilen und kein Zellverlust durch Interphasentod eintritt. Diese Annahme ist berechtigt, da im folgenden nur unbestrahlte Fibroblasten der F_1- bis F_4-Generation betrachtet werden (84).

Abbildung 20 zeigt die mit Hilfe der nichtlinearen Regression gewonnene Approximation der log-logistischen Verteilungsfunktion.

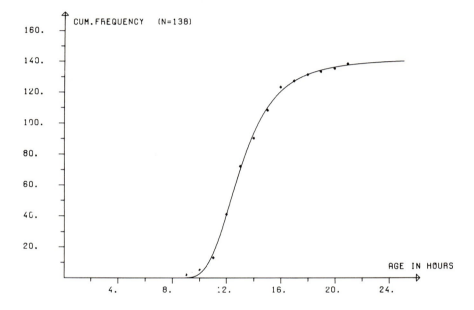

Abb. 20. *Log-logistische Verteilungsfunktion $N_o \cdot H(a)$ mit Zeitverzögerung a_o für Generationszeiten bei CHO-Fibroblasten*

Die geschätzten Parameter und ihre asymptotischen Standardabweichungen sind:

6.2
$$N_o = 141.42 \pm 2.87$$
$$\alpha = 5.08 \pm 1.73$$
$$\beta = -3.40 \pm 0.75$$
$$a_o = 8.59 \pm 0.82$$

Die Standardabweichung des Schätz-Fehlers beträgt
$$s_e = \sqrt{\frac{45.4}{134}} = 0.58 [h]$$

Die mittlere Generationszeit $\hat{a}$ (Median) beträgt

$$\hat{a} = e^{-\frac{\alpha}{\beta}} + a_o = 13.05 \, [h]$$

Die Verteilungsdichte der log-logistischen Verteilung ist dann gegeben durch 5.3 also gilt

6.3 $\quad h(a) = \begin{cases} 0 & \text{für } 0 \leq a < a_o \\ -\dfrac{\beta}{(a-a_o)} \cdot \dfrac{\text{Exp}(\alpha+\beta \cdot \ln(a-a_o))}{(1+\text{Exp}(\alpha+\beta \cdot \ln(a-a_o)))^2} & \text{für } a_o \leq a < \infty \end{cases}$

Das hier demonstrierte Verfahren hat sich auch bei der Schätzung der Generationszeiten einzelner Zellgenerationen mit jeweils wenigen Meßwerten außerordentlich bewährt (85).

Betrachtet man zum Vergleich die Gamma-Verteilung (Abb. 21), so ist ihre Verteilungsdichte gegeben durch:

6.4 $\quad h(a) = \begin{cases} 0 & \text{für } 0 \leq a < a_o \\ \alpha_o \cdot (a-a_o)^\beta \cdot \text{Exp}(-\alpha(a-a_o)) & \text{für } a_o \leq a < \infty \end{cases}$

mit $\alpha = \dfrac{\beta+1}{\bar{a}-a_o}$ und $\alpha_o = \dfrac{\alpha^{\beta+1}}{\Gamma(\beta+1)}$

Abbildung 21 zeigt die Approximation der Gamma-Verteilung an die empirische Verteilungsdichte.

Die berechneten Parameter und ihre asymptotischen Standardabweichungen sind:

$$N_o \cdot \alpha_o = 49.26 \pm 6.20$$
$$\alpha = 0.592 \pm 0.167$$
$$\beta = 0.948 \pm 0.531$$
$$a_o = 10.34 \pm 0.212$$

Die Standardabweichung des Schätzfehlers beträgt

$$s_e = \sqrt{\frac{75.0}{134}} = 0.75 \, [h]$$

Die mittlere Generationszeit (Erwartungswert) ergibt sich aus:

$$\bar{a} = \frac{\beta+1}{\alpha} + a_o = 13.63 \, [h]$$

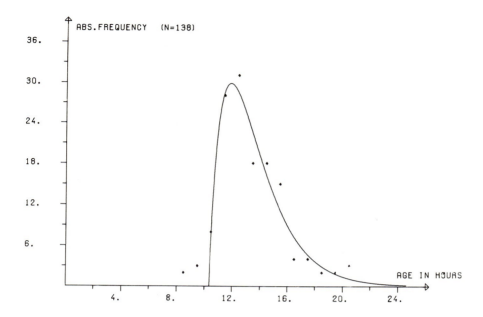

Abb. 21. Gamma-Verteilungsdichte $N_o \cdot h(a)$ mit Zeitverzögerung a_o für Generationszeiten von CHO-Fibroblasten

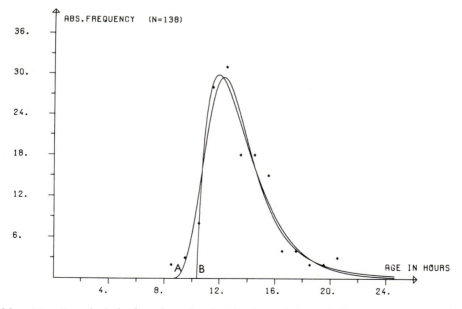

Abb. 22. Vergleich der log-logistischen (a) und der Gamma-Verteilung (b) für die Generationszeit bei CHO-T71-Fibroblasten

Eine geschlossene Darstellung der entsprechenden Verteilungsfunktion
$H(a) = \int_0^a h(x)dx$ ist nur für ganzzahliges positives β möglich.

Den Vergleich der Verteilungsdichten 6.3 und 6.4 zeigt Abb. 22.

Für die weiteren Untersuchungen in Kapitel III benutzen wir die log-logistische Generationszeitverteilung.

III.7 Wachstum von CHO-Fibroblasten

Betrachten wir zunächst das Wachstum von unbestrahlten CHO-Kolonien in seiner Anfangsphase, also in einem Zeitraum bis etwa 100 Stunden nach Ausimpfung der F_o-Mutterzellen, dann können wir ein altersabhängiges MALTHUS-Wachstum (III.4) annehmen und ferner voraussetzen, daß kein erheblicher Zellverlust durch Interphasentod eintritt. Den Fall bestrahlter Zellen unter Berücksichtigung des Zellverlustes behandeln wir in III.10.

In den folgenden Beispielen setzen wir also

7.1 $\qquad k_o(a) = 0 \quad \text{und} \quad r(a) = 2 \quad \text{für alle } a \geq 0$

Bei den mathematischen Herleitungen werden wir jedoch weiterhin die altersabhängige Mortalitätsrate $k_o(a)$ und Reproduktion $r(a)$ in die Betrachtung einbeziehen.

Aus 7.1 folgt nach III.5, daß die Generationszeit identisch mit der Aufenthaltszeit ist, also

7.2 $\qquad F(a) = H(a)$

Die Generationsrate 5.9 läßt sich aus der Generationszeitverteilung 6.1 berechnen, und es folgt

7.3 $\qquad k(a) = \begin{cases} 0 & \text{für } 0 \leq a < a_o \\ -\dfrac{\beta}{(a-a_o)} \cdot \dfrac{1}{1+\text{Exp}(\alpha+\beta\cdot\ln(a-a_o))} & \text{für } a_o \leq a < \infty \end{cases}$

Die Parameter α, β und a_o sind durch 6.2. gegeben. Um das MALTHUS-

Wachstum III.4 eindeutig festzulegen, muß eine Anfangs-Altersdichte festgelegt sein. Wir gehen von einer vorgegebenen Anfangs-Altersdichte (Abb. 23) aus und nehmen an, daß sie in einem Intervall $x_1 \leq a \leq x_2$ gleichverteilt ist, mit $x_1 = 6 [h]$ und $x_2 = 12 [h]$. Dann ist

7.4 $$y(0,a) = \begin{cases} 0 & \text{für } 0 \leq a < x_1 \\ \frac{1}{x_2 - x_1} & \text{für } x_1 \leq a \leq x_2 \\ 0 & \text{für } x_2 < a < \infty \end{cases} \text{, und}$$

$$Y(0) = \int_0^\infty y(0,a)\,da = 1$$

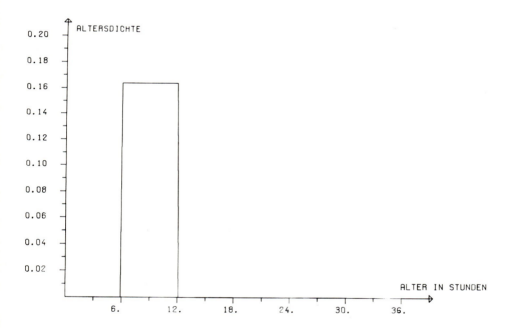

Abb. 23. *Anfangs-Altersdichte* $y(0,a) = u_o(a)$

Damit sind alle Parameter des Modells III.4 bestimmt, so daß die Altersdichte $y(t,a)$ und die Gesamtzellzahl $Y(t)$ berechnet werden kann. Die Altersdichte ist in Abb. 27 a bis Abb. 27 f dargestellt, die entsprechende Gesamtzellzahl zeigt Abb. 24.

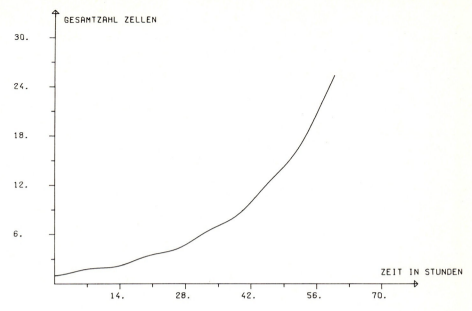

Abb. 24. *Mittlere Koloniegröße bei CHO-Fibroblasten*

Aus Abb. 24 ist ersichtlich, daß das mittlere Koloniegrößenwachstum nicht rein exponentiell verläuft. Es handelt sich hierbei um einen Synchronisationseffekt. Dieser Effekt wird in III.9 eingehend erörtert.

Das stochastische Wachstum einzelner Zellkolonien (Abb. 25) kann mit den in III.1 beschriebenen Methoden simuliert werden. Die Umrechnung der Übergangsraten in die bedingten Übergangswahrscheinlichkeiten $p_o(a)$ und $p(a)$ ist durch 3.7 und 3.9 gegeben.

In Abb. 25 ist neben dem stochastischen Wachstum dreier Kolonien das mittlere Koloniegrößen-Wachstum aufgetragen. Weitere Monte-Carlo-Simulationen finden sich in III.11.

III.8 Stabiles Wachstum

Es soll uns nun ein Zellwachstum interessieren, bei dem sich zwar die Zellzahl, nicht jedoch die Altersverteilung der Zellen in der Zeit ändert. Eine solche Altersverteilung wird *stabile Altersverteilung* genannt (23) und spielt für die Betrachtung von Synchroni-

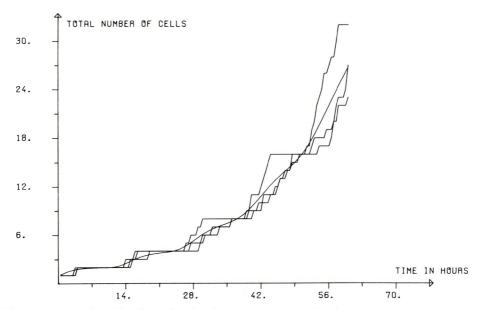

Abb. 25. Stochastische Simulation von CHO-Kolonien

sationseffekten (III.9) eine entscheidende Rolle.

Eine Altersverteilung u(a) heißt stabil, falls für die Altersdichte y(t,a) gilt:

8.1 $\qquad y(t,a) = u(a) \cdot Y(t)$

Dabei ist Y(t) die Gesamtzahl Zellen zur Zeit t. Die stabile Altersverteilung soll so normiert sein, daß gilt

8.2 $\qquad \int_0^\infty u(a)\,da = 1$, denn nur dann gilt $Y(t) = \int_0^\infty y(t,a)\,da$

Setzen wir 8.1 und 4.1 ein, dann folgt

8.3 $\qquad \dfrac{1}{Y(t)} \cdot \dfrac{\partial Y(t)}{\partial t} + \dfrac{1}{u(a)} \cdot \dfrac{\partial u(a)}{\partial a} = -(k_o(a) + k(a))$

Da der erste Summand dieser Differentialgleichung unabhängig von a ist, muß gelten

8.4 $\qquad \dfrac{1}{Y(t)} \cdot \dfrac{\partial Y(t)}{\partial t} = \mu \quad$ also $\quad Y(t) = Y(0) \cdot e^{\mu t}$,

wobei μ die noch zu bestimmende (siehe 8.7) *stabile Rate des natürlichen Wachstums* ist. Im Falle des stabilen Wachstums wächst also die Gesamtzellzahl rein exponentiell. Für die stabile Altersverteilung folgt dann aus 8.3

8.5 $$\frac{1}{u(a)} \cdot \frac{\partial u(a)}{\partial a} = -(k_o(a)+k(a)+\mu) \quad \text{also}$$

$$u(a) = u(0) \cdot e^{-\mu a} \cdot e^{-\int_0^a (k_o(x)+k(x))\,dx}$$

Der letzte Faktor entspricht der Lebenstafel G(a) (siehe 4.5), also gilt

8.6 $$u(a) = u(0) \cdot e^{-\mu a} \cdot G(a)$$

Setzen wir nun 8.1 mit den berechneten Größen 8.4 und 8.6 in die Randbedingung 4.2 ein, dann folgt als notwendige Bedingung für die stabile Rate μ des natürlichen Wachstums:

8.7 $$1 = \int_0^\infty e^{-\mu a} \cdot r(a) \cdot k(a) \cdot G(a)\,da$$

Dies ist ein Nullstellen-Problem, bei dem μ die gesuchte Nullstelle ist. Da die rechte Seite der Gleichung 8.7 für reelle μ streng monoton fallend ist, existiert für gegebenes nichttriviales r(a)·k(a)·G(a) genau eine reelle Lösung μ des Problems. Wäre es möglich, auch sämtliche konjugiert komplexen Nullstellen von 8.7 zu bestimmen, dann könnte die allgemeine Lösung von 4.1 als Potenzreihe dieser Nullstellen dargestellt werden (siehe 4.11).

Das stabile Wachstum jedoch ist eindeutig durch 8.7 bestimmt und es gilt

8.8 $$y(t,a) = Y(0) \cdot e^{\mu t} \cdot u(0) \cdot e^{-\mu a} \cdot G(a)$$

Dabei ist Y(0) die Gesamtzahl der Zellen zur Zeit t=0 und u(0) eine Konstante, die durch die Bedingung 8.2 bestimmt ist, also kann u(0) berechnet werden als

8.9 $$u(0) \cdot \int_0^\infty e^{-\mu a} \cdot G(a)\,da = 1$$

III.8.1 Stabiles Wachstum bei konstanten Übergangsraten

Als einfaches Beispiel nehmen wir an (siehe auch II.1), daß die Übergangsraten k_o und k sowie die Reproduktion r altersunabhängig sind, dann folgt

8.1.1 $\qquad G(a) = e^{-(k_o+k)\cdot a}$

Das Nullstellenproblem 8.7 führt zu

8.1.2 $\qquad 1 = k\cdot r \cdot \int_0^\infty e^{-(k_o+k+\mu)a}\, da \quad \text{oder} \quad 1 = \frac{k\cdot r}{k_o+k+\mu}$

Damit ist die stabile Rate des natürlichen Wachstums bestimmt

8.1.3 $\qquad \mu = (r-1)\cdot k - k_o$

Ferner gilt nach 8.9

8.1.4 $\qquad u(0) = k_o+k+\mu \quad \text{und wegen 8.1.3} \quad u(0) = r\cdot k$

Bei altersunabhängigen Übergangsraten gilt im Fall des stabilen Wachstums also nach 8.8 für die Altersdichte

8.1.5 $\qquad y(t,a) = r\cdot k\cdot Y(0)\cdot e^{\mu t}\cdot e^{-r\cdot k\cdot a}$

Die stabile Altersverteilung

8.1.6 $\qquad u(a) = r\cdot k\cdot e^{-r\cdot k\cdot a}$

genügt einer Exponential-Verteilung. Die Gesamtpopulation $Y(t)$ wächst rein exponentiell mit der Wachstumsrate μ.

III.8.2 Stabiles Wachstum bei CHO-Fibroblasten

Betrachten wir das Wachstum von CHO-Fibroblasten (siehe III.7), so läßt sich die Gleichung 8.7 nicht mehr explizit lösen, sondern muß durch iterative Methoden numerisch approximiert werden. Diese Approximation ergibt für die stabile Rate des natürlichen Wachstums einen Wert von

8.2.1 $\qquad \mu = 0.0511\ [1/h]$

Durch 8.4 läßt sich die Verdopplungszeit bei altersabhängigem MALTHUS-Wachstum berechnen $t_D = \frac{\ln 2}{\mu} = 13.56$ [h]. Die Verdopplungszeit ist nur für den Fall des stabilen Wachstums definiert. Abbildung 26 a zeigt die entsprechende (nicht normierte) stabile Altersverteilung 8.6 und Abbildung 26 b das daraus folgende rein exponentielle Wachstum 8.4 der Gesamtzahl der CHO-Fibroblasten.

Liegt zur Zeit t=0 eine beliebige Altersverteilung $y(0,a) = u_o(a)$ vor, so folgt unter gewissen Regularitätsvoraussetzungen über $k_o(a), k(a)$ und $r(a)$, daß nach einer hinreichend langen Wachstumszeit t, die Altersdichte $y(t,a)$ asymptotisch stabil wird, also

8.2.2 $$\lim_{t \to \infty} \frac{y(t,a)}{Y(t)} = u(a)$$

Diese asymptotische stabile Altersverteilung $u(a)$ hängt nicht von der Anfangs-Altersverteilung $u_o(a)$ ab, sondern ist durch 8.6 und 8.7 eindeutig bestimmt. Man nennt ein solches Verhalten auch *ergodisches Verhalten* (64), d.h. jede Population "vergißt" ihre Anfangs-Altersverteilung und strebt gegen die stabile Altersverteilung. Die Abbildungen 27 a bis 27 f veranschaulichen dieses Verhalten am Beispiel von CHO-Fibroblasten. Es ist zu erkennen, daß bei einer Ausgangs-Population, deren Altersdichte gleichverteilt ist (siehe III.7), nach 100 Stunden die stabile Altersverteilung (Abb. 26 a) praktisch erreicht ist.

Die Zeit, die eine Population benötigt, um die stabile Altersdichte zu erreichen, ist abhängig von der Form der Anfangs-Altersverteilung und vor allem von der Form der Generationszeit-Verteilung.

Abschließend kann festgestellt werden, daß eine stabile Altersverteilung rein exponentielles Wachstum der Gesamtzellzahl impliziert. Jedoch ist wegen 8.3 auch der Rückschluß zulässig, nämlich daß bei exponentiellem Zellwachstum eine stabile Altersverteilung bestehen muß. Aus dem ergodischen Verhalten folgt, daß nach einer hinreichend langen Zeit t das MALTHUS-Wachstum auch bei altersabhängigen Übergangsraten und beliebigen Anfangs-Altersverteilungen rein exponentiell nach Formel 8.4 verläuft.

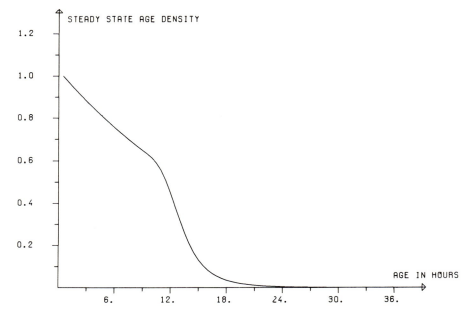

Abb. 26 a. Stabile Altersverteilung u(a) bei CHO-Fibroblasten

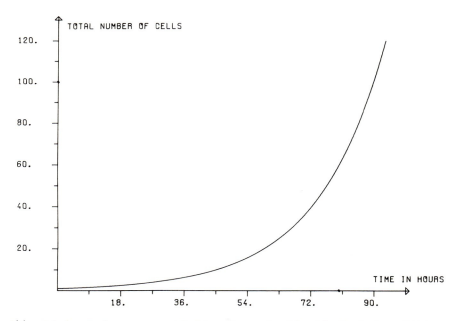

Abb. 26 b. Rein exponentielles Gesamtzellzahl-Wachstum Y(t) von CHO-Fibroblasten bei stabiler Altersverteilung

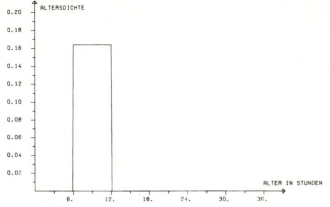
Abb. 27 a. Altersdichte y(t,a) zur Zeit t=0 [h]

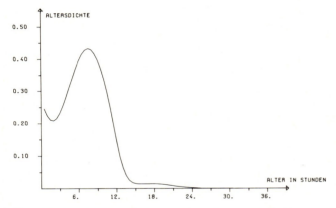
Abb. 27 b. Altersdichte y(t,a) zur Zeit t = 25 [h]

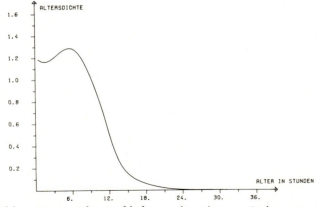
Abb. 27 c. Altersdichte y(t,a) zur Zeit t = 50 [h]

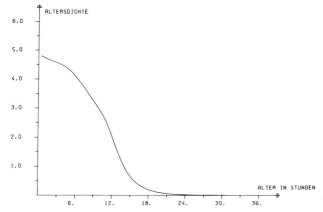
Abb. 27 d. Altersdichte y(t,a) zur Zeit t = 75 [h]

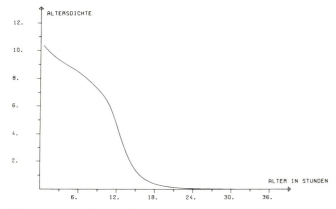
Abb. 27 e. Altersdichte y(t,a) zur Zeit t = 90 [h]

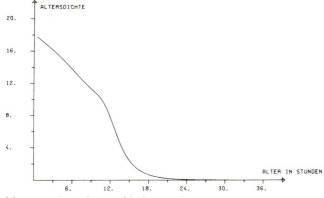
Abb. 27 f. Altersdichte y(t,a) zur Zeit t = 100 [h]

III.9 Synchronisation

Im vorangegangenen Abschnitt haben wir gesehen, daß es genau eine Altersdichte y(t,a) gibt, bei der die Altersverteilung $u(a) = \frac{y(t,a)}{Y(t)}$ unabhängig von der Prozeßdauer t ist und daß andererseits sich jede beliebige Altersdichte nach hinreichend langer Zeit t dieser stabilen Altersverteilung annähert. Ferner wurde gezeigt, daß das Vorhandensein einer stabilen Altersverteilung und das rein exponentielle Wachstum der Gesamtzellzahl sich gegenseitig bedingen.

Wenden wir diese Gedanken auf das Phänomen der Synchronisation an, so können wir definieren: Eine Population ist genau dann *nicht synchronisiert*, wenn sie eine stabile Altersverteilung aufweist. Die Eigenschaft der Nicht-Synchronisiertheit einer Population bleibt während der gesamten Wachstumsdauer t erhalten und ist somit eine absolute Eigenschaft für die Population.

Alternativ können wir sagen: Eine Population ist genau dann *synchronisiert*, wenn sie keine stabile Altersverteilung aufweist. Man sollte in diesem Zusammenhang besser von einer Teilsynchronisation sprechen, da die Eigenschaft der Synchronisation relativ ist und einerseits untersucht werden muß, welches Ausmaß die Abweichung einer zur Zeit t vorhandenen Altersverteilung von der stabilen Altersverteilung annimmt und sich andererseits wegen des ergodischen Verhaltens der Grad der Synchronisation mit der Wachstumsdauer verringert, so daß die Population nach hinreichend langer Zeit die Eigenschaft der Synchronisiertheit verliert, falls dieser Prozeß nicht durch äußere Maßnahmen aufgehalten wird.

Wir können allerdings sagen, eine Population ist zu einer bestimmten Zeit t vollständig auf das Alter a synchronisiert, falls sich alle Individuen der Population zur Zeit t in der Altersklasse (a,a+da) befinden. Jedoch wird eine solche Population in der Zeit von dem Zustand der vollständigen Synchronisation über den Zustand der Teilsynchronisation in den Zustand der Nicht-Synchronisiertheit übergehen.

Betrachten wir nun Synchronisationseffekte, so können zunächst die Schwankungen bei dem Wachstum der Gesamtzellzahl (Abb. 24) als solche bewertet werden, da die Altersdichte zur Zeit t=0 gleichverteilt und somit nicht stabil war (Abb. 27). Der Einfluß der Synchronisation auf das Gesamtzellzahl-Wachstum soll durch Abb. 28 veranschaulicht werden. Hier wird der zeitliche Verlauf von CHO-Zellpopulationen dargestellt, die jeweils zur Zeit t=0 auf die Altersklassen (a, a+Δa) synchronisiert wurden, mit Δa =0.5 [h] und a = 0.5, 2.5, 4.5, 6.5, ... [h].

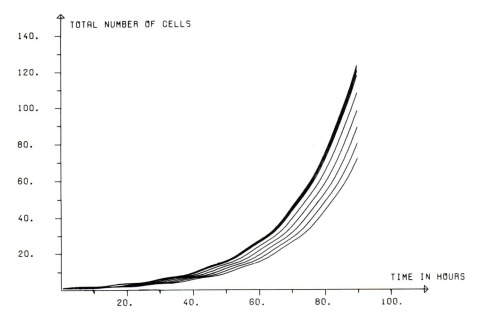

Abb. 28. Einfluß der Synchronisation auf das Gesamtzellzahl-Wachstum bei CHO-Fibroblasten. Die Synchronisation erfolgte zur Zeit t=0 auf die Altersklassen (a,a+Δa) mit Δa = 0.5 [h] und a = 0.5, 2.5, 4.5, 6.5, ... [h]

Neben den Schwankungen der Gesamtzellzahl, die mit zunehmender Prozeßdauer abnehmen, besteht ein Synchronisationseffekt auch darin, daß das Wachstum gegenüber rein exponentiellem Wachstum verzögert wird. Noch deutlicher werden Synchronisationseffekte, wenn die absolute Anzahl der Zellteilungen pro Zeiteinheit (t,t+dt) aufgetragen wird:

9.1 $$z(t) = \int_0^\infty k(a) \cdot y(t,a) \, da \quad [Anzahl/Zeit]$$

Abb. 29 zeigt die absolute Anzahl der Zellteilungen pro Zeiteinheit bei teilsynchronisierten CHO-Fibroblasten nach III.7, also unter der Annahme der Gleichverteilung der Anfangs-Altersdichte.

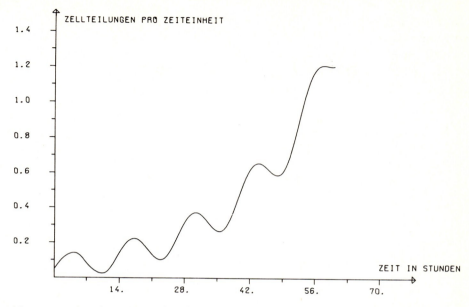

Abb. 29. *Absolute Anzahl der Zellteilungen pro Zeiteinheit bei CHO-Fibroblasten*

Betrachten wir nun die entsprechende Zellteilungsrate, also den Anteil der Zellen, der sich im Zeitintervall (t,t+dt) teilt, bezogen auf die Gesamtzahl der Zellen zur Zeit t, also

9.2 $$P(t) = \frac{z(t)}{Y(t)} = \frac{\int_0^\infty k(a)\,y(t,a)\,da}{\int_0^\infty y(t,a)\,da} \quad [1/\text{Zeit}] \quad \textit{Zellteilungsrate}$$

dann ergibt sich für das Wachstum von CHO-Fibroblasten (III.7) die Abbildung 30.

Die Zellteilungsrate ist in der Kurvenform ausgeprägter als der sogenannte Mitoseindex, der der Quotient aus Anzahl Mitosezellen und Gesamtzahl Zellen zur Zeit t ist (siehe IV.7). Aus Abbildung 30 ist erkennbar, daß sich die Zellteilungsrate P(t) einer Asymptote nähert, die wir als asymptotische Zellteilungsrate bezeichnen:

9.3 $$\rho = \lim_{t \to \infty} \rho(t)$$

Die Schwankung der Zellteilungsrate ρ(t) um die asymptotische Zell-

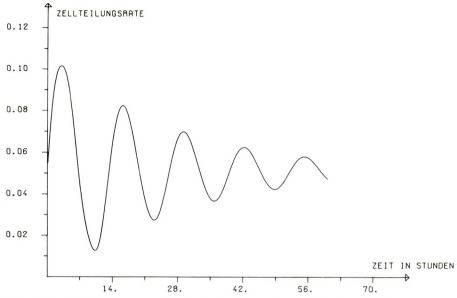
Abb. 30. *Zellteilungsrate bei teilsynchronisierten CHO-Fibroblasten*

teilungsrate ρ kann als *Maß für die Synchronisation* angesehen werden, denn bei einer vollständig <u>nicht</u> synchronisierten Population, also einer Population mit einer stabilen Altersverteilung, gilt ρ(t) = ρ , d.h. die Zellteilungsrate ist zeitlich konstant, da das Gesamtzellzahl-Wachstum rein exponentiell erfolgt.

Für stabiles Wachstum 8.8 folgt aus 9.2 stets:

$$9.4 \qquad \rho = \frac{\int_0^\infty e^{-\mu a} \cdot k(a) \cdot G(a) \, da}{\int_0^\infty e^{-\mu a} \cdot G(a) \, da} \qquad \text{\textit{asymptotische Zellteilungsrate}}$$

Wegen des ergodischen Verhaltens ist 9.4 auch der Grenzwert für 9.3. Für jede beliebige teilsynchronisierte Population wird also die Zellteilungsrate ρ(t) nach einer hinreichend langen Zeit unabhängig von der Zeit werden und den Wert ρ annehmen.

Wir wollen nun die Zellteilungsrate für das Beispiel der CHO-Fibroblasten (III.7) berechnen. Betrachten wir ein Ein-Compartmentmodell (III.4) mit altersunabhängiger Mortalitätsrate k_o und Reproduktion r jedoch mit altersabhängiger Generationsrate k(a), dann folgt aus 4.1.2

9.5 $\qquad \dot{Y}(t) = (1 - \frac{1}{r}) \cdot y(t,0) - k_o \cdot Y(t)$

Dabei ist $z(t) = \frac{1}{r} y(t,0)$ die absolute Anzahl der Zellteilungen pro Zeiteinheit (t,t+dt), also folgt für die zeitabhängige Zellteilungsrate

9.6 $\qquad \rho(t) = \frac{z(t)}{Y(t)} = \frac{\dot{Y}(t) + k_o Y(t)}{(r-1) \cdot Y(t)} \qquad$ *Zellteilungsrate*

Bei Vorliegen einer stabilen Altersverteilung, also einer nicht synchronisierten Population, gilt $Y(t) = Y(0) \cdot e^{\mu t}$. Setzen wir diesen Ausdruck in 9.6 ein, dann erhalten wir

9.7 $\qquad \rho = \frac{\mu + k_o}{(r-1)} \qquad$ *asymptotische Zellteilungsrate*

Die asymptotische Zellteilungsrate für das Beispiel der CHO-Fibroblasten ($k_o=0$, $r=2$) ist also

9.8 $\qquad \rho = \mu = 0.0511 \ [1/h].$

III.10 Bestrahlung bei CHO-Fibroblasten

Bei Zellpopulationen in vitro können nach Bestrahlung folgende Effekte (35), (37) beobachtet werden:

Interphasentod: Durch die Bestrahlung wird ein Anteil Zellen letal geschädigt.
Reproduktiver Tod: Durch die Bestrahlung werden die Zellen einer Generation so geschädigt, daß zwar ihre Reproduktionsfähigkeit erhalten bleibt, ihre Nachkommen jedoch über Generationen hinweg eine erhöhte Letalität aufweisen.

Berücksichtigen wir die Betrachtungen aus III.9, so wird durch letale Bestrahlung die stabile Altersverteilung der Zellen gestört und somit gleichzeitig ein Synchronisationseffekt auftreten, zumal die letale Wirkung insbesondere mitotische Zellen betrifft. Ferner kann sich bei höheren Bestrahlungsdosen die Verteilung der Generationszeiten ändern.

Im folgenden soll eine Versuchsreihe mit CHO-Fibroblasten (95),(97) ausgewertet werden, bei der das Koloniegrößen-Spektrum bei unterschiedlich bestrahlten Kolonien zu festen Zeitpunkten gemessen wurde. Abb. 31 zeigt die mittleren Koloniegrößen in Abhängigkeit von der Zeit und der Bestrahlungsdosis.

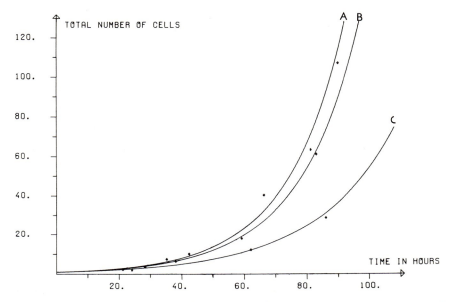

Abb. 31. *Einfluß der Bestrahlung auf mittlere Koloniegrößen bei CHO-Fibroblasten (a=Kontrolle, b=100 rad, c=200 rad)*

Da wir nur Dosen bis zu 200 rad betrachten, kann angenommen werden, daß die Verteilung der Generationszeiten unverändert und der letale Effekt des Interphasentodes klein gegenüber dem Effekt des Reproduktivtodes bleibt.

Der reproduktiv letale Tod kann mathematisch durch eine Verringerung der Reproduktion r beschrieben werden. Formal nehmen wir damit an, daß ein reproduktiver Zelltod nur in der Mitosephase auftreten kann. Diese Annahme ist gerechtfertigt, da der Tod von CHO-Fibroblasten morphologisch erst nach einer Zeit festgestellt werden kann, die in etwa der Generationszeit entspricht (36). Bei der vorliegenden Versuchsreihe waren die F_o-Mutterzellen nicht synchronisiert, daher muß rein exponentielles Wachstum der mittleren Koloniegrößen vorliegen, also

10.1 $Y(t') = Y(0) \cdot e^{\mu t'}$

Die Berechnung der Parameter ergibt Tabelle 1.

	μ	Y(0)
Kontrolle	0.0524	1.256
200 rad	0.0392	1.067

Tabelle 1: Berechnete Parameter aus Abb. 31

Die berechnete Rate des natürlichen Wachstums μ = 0.0524 für die Kontrollen stimmt gut mit der aus der Verteilung der Generationszeiten (III.8) bestimmten Rate μ = 0.0511 überein. Wir können also annehmen, daß für die unbestrahlten Kontrollen kein reproduktiver Zellverlust eintritt. Bei den Kontrollen ist die Reproduktion daher r=2.

Betrachten wir nun die 200rad-Gruppe und gehen davon aus, daß die Rate des natürlichen Wachstums μ = 0.0392 gegeben ist und die Verteilung der Generationszeiten durch III.6 bestimmt ist, dann ist die Gleichung 8.7 eine Bestimmungsgleichung für die Reproduktion r, d.h.

10.2 $\dfrac{1}{r} = \int_{0}^{\infty} e^{-\mu a} \cdot k(a) \cdot G(a) \cdot da$

Löst man dieses Integral, so folgt für die 200rad-Gruppe eine Reproduktion von r = 1.71. Bei der bestrahlten 200rad-Gruppe werden also pro Generation 14.5% der Zellen reproduktiv letal geschädigt.

Betrachten wir nun die berechneten Anfangswerte Y(0) in Tabelle 1, so müßte eigentlich für die Kontrolle gelten Y(0) = 1 und für die 200rad-Gruppe gelten Y(0) = 0.855. Daß diese Anfangswerte nicht exakt geschätzt wurden, kann an der Meß-Variabilität liegen, es könnte jedoch auch dadurch erklärt werden, daß eine Zeitverzögerung τ (Platierungszeit) als Einfluß der Ausimpfung von F_o-Mutterzellen auf die Petrischale eintritt (85). Berechnen wir diese Zeitverzögerung, so gilt

Kontrolle $\quad Y(t') = 1.256 \cdot e^{\mu t'} = e^{\mu(t'+\tau)} \quad$ mit $\tau = 4.26$ [h]

200rad $\quad Y(t') = 1.067 \cdot e^{\mu t'} = 0.855 \cdot e^{\mu(t'+\tau)} \quad$ mit $\tau = 5.65$ [h]

Dabei ist $t = t' + \tau$ die absolute Zeit in der gemessen wird.

III.11 Stochastische Simulation von Koloniegrößen-Spektren

Nun soll mit Hilfe des multiplen GALTON-WATSON-Prozesses eine stochastische Simulation von Koloniegrößen-Spektren für das in III.10 betrachtete Experiment vorgenommen werden. Wie schon einleitend bemerkt, wird experimentell eine bestimmte Anzahl F_o-Mutterzellen der CHO-Fibroblasten in eine Petri-Schale ausgeimpft und nach einer vorgegebenen Wachstumszeit jeder der durch eine Mutterzelle entstandenen Zellstämme ausgezählt (96), (97). Die so erhaltene Häufigkeitsverteilung wird als Koloniegrößen-Spektrum bezeichnet.

Diese Häufigkeitsverteilung kann nun als Überlagerung zweier Effekte interpretiert werden, nämlich als Superposition des Synchronisationseffektes (III.9) und des stochastischen Effektes (III.1). Betrachten wir das Koloniegrößen-Spektrum zunächst rein deterministisch, dann wird die Anzahl der Zellen einer Kolonie zur Zeit t davon abhängen, in welcher Altersklasse $(a, a+\Delta a)$ sich die F_o-Mutterzelle zur Zeit der Ausimpfung t=0 befunden hat. In Abb. 28 wurde bereits das deterministische Wachstum von CHO-Zellstämmen dargestellt, die jeweils auf die Altersklassen $(a, a+\Delta a)$ mit a=0.5, 2.5, 4.5, 6.5 ... [h] und $\Delta a = 0.5$ [h] synchronisiert waren. Es ist erkenntlich, daß die Zellkolonie, die aus einer im Altersbereich $0.5 \leq a < 1$ ausgeimpften F_o-Mutterzelle hervorgeht, zur Zeit t nur etwa die Hälfte der Zellen beinhaltet, als die Zellkolonie, die aus einer im Altersbereich $12.5 \leq a < 13$ ausgeimpften F_o-Mutterzelle entstanden ist. Die entsprechende deterministische Häufigkeitsverteilung für das Koloniegrößen-Spektrum zur Zeit t ist also abhängig von der Anfangs-Altersverteilung der F_o-Mutterzellen, die für nichtsynchronisierte F_o-Mutterzellen durch Abb. 26 gegeben ist. Damit ist der deterministische Koloniegrößen-Effekt für die Kontrollgruppe erklärt. Wie ferner aus Abb. 28 hervorgeht, hat die deterministische Variabilität der Koloniegrößen zu jedem Zeitpunkt eine untere und eine obere Einhüllende. Das deterministische Koloniegrößen-Spektrum für die 200-rad-Gruppe kann analog interpretiert werden. Um einen Vergleich zu ermöglichen,

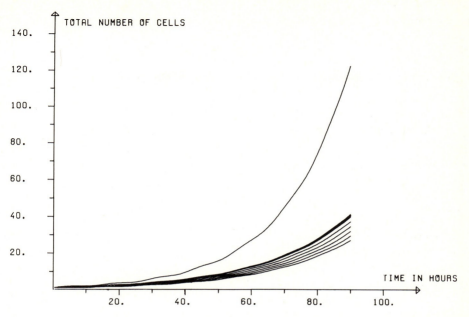

Abb. 32. *Einfluß der Synchronisation auf das deterministische CHO-Zellwachstum bei der 200-rad-Gruppe. Anfangs-Altersklassen $(a, a+\Delta a)$ mit $\Delta a = 0.5$ [h] und $a = 0.5, 2.5, 4.5, 6.5 \ldots$ [h]*

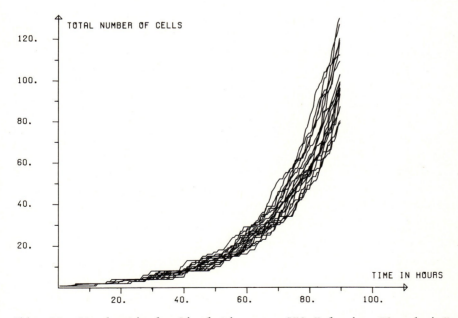

Abb. 33. *Stochastische Simulation von CHO-Koloniegrößen bei Kontrollen, deren F_0-Mutterzellen sich zur Zeit $t=0$ in der Altersklasse von 10.5 [h] bis 11 [h] befinden*

ist in Abb. 32 die obere Einhüllende von Abb. 28 zusätzlich eingetragen.

Betrachtet man nun die stochastische Simulation von Koloniegrößen nach III.1, so muß jeweils von einer F_o-Mutterzelle ausgegangen werden, die sich zur Zeit der Ausimpfung t=0 in einer bestimmten Altersklasse (a,a+Δa) befindet. Die stochastische Simulation von Koloniegrößen, deren F_o-Mutterzellen in der gleichen Altersklasse ausgeimpft wurden, zeigt für die Kontrollen Abb. 33 und für die 200-rad-Gruppe Abb. 34.

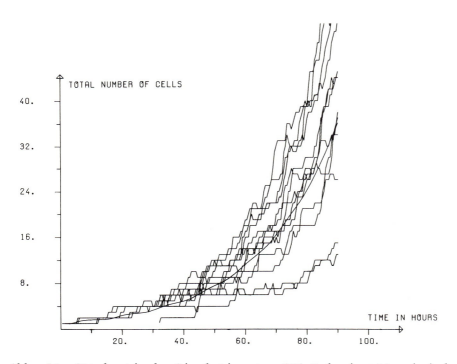

Abb. 34. Stochastische Simulation von CHO-Koloniegrößen bei der 200-rad-Gruppe, deren F_O-Mutterzellen sich zur Zeit t=0 in der Altersklasse 10.5 [h] bis 11 [h] befinden

Man erkennt, daß die stochastische Variabilität der Koloniegrößen relativ zur mittleren Koloniegröße bei bestrahlten Zellstämmen ausgeprägter ist als bei nicht bestrahlten Zellstämmen. Da für die Kontrolle kein Zellverlust (siehe III.10) angenommen wurde, wachsen diese Zellstämme monoton, während der Zellverlust bei der 200-rad-Gruppe dadurch erkenntlich ist, daß sich die stochastisch simulierte Koloniegröße teilweise verringert. Es ist sogar so, daß, obgleich die stabile Rate des natürlichen Wachstums µ=0.0392 größer als Null ist, bei stochastischer Betrachtungsweise Zellstämme aussterben können (33),(28).

III.12 Zeit- und altersabhängige Übergangsraten

In diesem Abschnitt soll die VON FOERSTER-Gleichung für zeit- und altersabhängige Übergangsraten dargestellt werden. Es gilt analog zu III.4

Zellverlust

12.1 $\qquad \dfrac{\partial y(t,a)}{\partial t} + \dfrac{\partial y(t,a)}{\partial a} = -(k_o(t,a)+k(t,a))\cdot y(t,a)$

Zellproduktion

12.2 $\qquad y(t,0) = \int_0^\infty r(t,a)\cdot k(t,a)\cdot y(t,a)\,da$

Anfangs-Altersdichte

12.3 $\qquad y(0,a) = u_o(a)$

Dabei werden die Übergangsraten $k_o(t,a)$ und $k(t,a)$ sowie die Reproduktion $r(t,a)$ genauso interpretiert wie in III.4.

Bezeichnen wir mit $\lambda(t,a) = k_o(t,a)+k(t,a)$ die altersspezifische Absterberate, dann folgt (siehe (98)) als Lösung von 12.1:
Für $0 \leq a < t$ gilt

12.4 $\qquad y(t,a) = y(t-a,0)\cdot \text{Exp}(-\int_0^a \lambda(t-a+x,x)\,dx)$

Für $0 \leq t < a$ gilt

12.5 $\qquad y(t,a) = y(0,a-t)\cdot \text{Exp}(-\int_{a-t}^a \lambda(t-a+x,x)\,dx)$

Gleichung 12.4 beschreibt die Altersdichte-Funktion für diejenigen Individuen, die während des Beobachtungszeitraums $0 < t < \infty$ geboren wurden, während Gleichung 12.5 die Altersdichte-Funktion der Individuen beschreibt, die zur Zeit t=0 schon vorhanden waren.

Die Berechnung der Lebenstafel $G(t',t'+a)$, also des Anteils der Zellen, die mindestens das Alter a erreichen, bezogen auf alle Zellen, die im Zeitintervall $(t'-dt',t')$ entstanden sind, erfolgt nach II.1.1.2 durch

12.6 $$\frac{\partial G(t',t'+a)}{\partial a} = -G(t',t'+a) \cdot \lambda(t'+a,a)$$

Dabei gilt $G(t',t'+a) = 1-H(t',t'+a)$ und $G(t',t') = 1$, wobei $H(t',t'+a)$ die Sterbetafel ist. Die Lösung für $t' \geq 0$ und $a \geq 0$ ist gegeben durch

12.7 $$G(t',t'+a) = \mathrm{Exp}\left(-\int_0^a \lambda(t'+x,x)\,dx\right)$$

Für $t' < 0$, also für Zellen die zur Zeit $t=0$ das Alter $-t'$ erreicht haben, können wir folgende Größe definieren

12.8 $$G(t'+a|-t') = \mathrm{Exp}\left(-\int_{-t'}^a \lambda(t'+x,x)\,dx\right).$$

Dabei ist $G(t'+a|-t')$ der Anteil der Zellen, die zur Zeit $t=t'+a$ das Alter a erreichen, bezogen auf alle Zellen, die zur Zeit $t=0$ das Alter $-t'$ erreicht haben. Durch 12.7 und 12.8 kann die Altersdichte-Funktion folgendermaßen dargestellt werden:

12.9 $$y(t,a) = \begin{cases} y(t-a,0) \cdot G(t-a,t) & \text{für } 0 \leq a < t \\ y(0,a-t) \cdot G(t|a-t) & \text{für } 0 \leq t < a \end{cases}$$

Die LOTKA'sche Integralgleichung folgt durch Einsetzen von 12.9 in 12.2 und es gilt

12.10 $$y(t,0) = \int_0^t \varphi(t,a) \cdot G(t-a,t) y(t-a,0)\,da$$
$$+ \int_t^\infty \varphi(t,a) \cdot G(t|a-t) y(0,a-t)\,da$$

Dabei ist $\varphi(t,a) = r(t,a) \cdot k(t,a)$ die *altersspezifische Geburtenrate*.

III.12.1 Altersabhängiges VERHULST-Wachstum

Wir betrachten nun den Fall des VERHULST-Wachstums und nehmen an, daß die Mortalitätsrate von der Gesamtzahl der vorhandenen Individuen abhängig ist, also

12.1.1 $$k_0(t,a) = c_0 \cdot Y(t) \qquad (c_0 > 0)$$
$$k(t,a) = k(a)$$

während die Generationsrate zeitunabhängig ist. Die entsprechende

Differentialgleichung lautet

12.1.2 $\quad \dfrac{\partial y(t,a)}{\partial t} + \dfrac{\partial y(t,a)}{\partial a} = -(c_o \cdot Y(t) + k(a)) \cdot y(t,a)$

mit den Randbedingungen 12.2 und 12.3 und $Y(t) = \int_0^\infty y(t,a)\,da$

Betrachten wir nun den Fall des stabilen Wachstums

12.1.3 $\quad y(t,a) = u(a) \cdot Y(t)$

dann folgen aus 12.1.2 die Gleichungen

12.1.4 $\quad \dot{Y}(t) + c_o \cdot Y(t)^2 = c \cdot Y \quad$ und

12.1.5 $\quad \dfrac{du(a)}{da} = -(c + k(a)) \cdot u(a)$

wobei c eine noch zu bestimmende Konstante ist.

Die Lösung von 12.1.4 lautet (siehe II.2)

12.1.6 $\quad Y(t) = \dfrac{Y(0) \cdot A}{Y(0) + (A - Y(0)) \cdot e^{-ct}} \quad$ mit $\quad A = \dfrac{c}{c_o}$

Die Lösung von 12.1.5 ist gegeben durch

12.1.7 $\quad u(a) = u(0) \cdot e^{-c \cdot a} \cdot e^{-\int_0^a k(x)\,dx}$

Setzen wir 12.1.3 mit den berechneten Größen 12.1.6 und 12.1.7 in die Randbedingung 12.2 ein, dann erhalten wir eine Bestimmungsgleichung für den Parameter c:

12.1.8 $\quad 1 = \int_0^\infty r(a) \cdot k(a) \cdot e^{-ca} \cdot e^{-\int_0^a k(x)\,dx}\,da$

Damit ist das stabile Wachstum eines altersabhängigen VERHULST-Modells eindeutig bestimmt.

Falls die Reproduktion und die Generationsrate altersunabhängig sind, also $r(a) = r$ und $k(a) = k$, folgt aus dieser Gleichung $c = (r-1) \cdot k$. Diese Konstante entspricht somit genau der Konstanten c für den Fall des altersunabhängigen VERHULST-Wachstums (II.2).

Ersetzen wir nun die Annahme 12.1.1 durch die Annahme, daß die Mortalitätsrate nicht von der Gesamtzahl, sondern von der Altersdichte der vorhandenen Individuen abhängt, also

12.1.9 $\quad k_o(t,a) = c_o(a) \cdot y(t,a) \qquad (c_o(a) \geq 0)$

$\quad k(t,a) = k(a)$

dann führt dies auf die Differentialgleichung

12.1.10 $\quad \frac{\partial y(t,a)}{\partial t} + \frac{\partial y(t,a)}{\partial a} = -(c_o(a) \cdot y(t,a) + k(a)) \cdot y(t,a)$

In diesem Fall ist auch bei altersunabhängigem Parameter c_o mit Ansatz 12.1.3 eine Entkopplung der Größen Y(t) und u(a) nicht mehr möglich.

III.13 Stochastische Abhängigkeit der Zykluszeiten bei Mutter- und Tochterzellen

Wir wollen nun den Fall der stochastischen Abhängigkeit von Zykluszeiten bei Mutter- und Tochterzellen untersuchen. Dabei betrachten wir Ansätze (76), (78), (87), (60), die für das Ein-Compartmentmodell folgende Zielgröße
$x(t,a,\tau)$ mit der Dimension [1/Zeit^2] und den Einflußgrößen t [Zeit] absolute Zeit, a [Zeit] Alter des Individuums, τ [Zeit] tatsächliche Zykluszeit des Individuums
derart definieren, daß
$x(t,a,\tau)d\tau da$ die Anzahl der Individuen ist, die sich zur Zeit t in der Altersklasse (a,a+da) befinden und die sich in der Altersklasse $(\tau,\tau+d\tau)$ teilen werden.

Damit ist $x(t,a,\tau)$ lediglich auf dem Intervall $0 \leq a \leq \tau$ definiert und für $\tau < a < \infty$ gilt stets $x(t,a,\tau) \equiv 0$.

Ferner ist
$x(t,a,a)dadt$ die Anzahl der Individuen, die sich zur Zeit t in der Altersklasse (a,a+da) befinden, und die sich im Zeitintervall (t,t+dt) teilen.
$x(t,0,\tau)d\tau dt$ ist die Anzahl der Individuen, die im Zeitintervall (t,t+dt) neu produziert werden, und deren Zykluszeit in der Altersklasse $(\tau,\tau+d\tau)$ liegt.

Die entsprechenden Wachstumsgleichungen lauten:

Zellverlust
13.1 $\qquad \dfrac{\partial x(t,a,\tau)}{\partial t} + \dfrac{\partial x(t,a,\tau)}{\partial a} = -k_o(a)\cdot x(t,a,\tau)$ für $0 \leq a \leq \tau$

Zellproduktion
13.2 $\qquad x(t,0,\tau) = \int_0^\infty r(a)\cdot \Psi(\tau|a) x(t,a,a) da$

Anfangsbedingung
13.3 $\qquad x(0,a,\tau) = v_o(a,\tau)$ für $0 \leq a \leq \tau$

Dabei werden folgende Übergangsfunktionen benutzt:

$k_o(a)$ [1/Zeit] ist die Mortalitätsrate wie in III.4

$\Psi(\tau|a) d\tau$ [dimensionslos] ist die bedingte Wahrscheinlichkeit, daß die Zykluszeit einer Tochterzelle in der Altersklasse $(\tau,\tau+d\tau)$ liegt, falls die Zykluszeit der Mutterzelle in der Altersklasse $(a,a+da)$ gelegen hat.

Es gilt stets

13.4 $\qquad \int_0^\infty \Psi(\tau|a) d\tau = 1$

Es wird also zunächst jedem Individuum eine Zykluszeit zugeordnet, unabhängig davon, ob das Individuum diese Zeit auch tatsächlich erreicht, denn es kann vorher mit der Mortalitätsrate $k_o(a)$ sterben, wobei dieser Tod als unabhängig von der möglichen Zykluszeit τ angenommen wird.

Betrachten wir die Wachstumsgleichungen, so ist durch 13.1 einerseits ein Zellverlust über die Mortalitätsrate $k_o(a)$ erklärt und andererseits der Zellverlust bei der Zellteilung dadurch gegeben, daß gilt $x(t,a,\tau) \equiv 0$ für $\tau \leq a < \infty$. Durch die Randbedingung 13.2 ist die stochastische Abhängigkeit der Zykluszeiten von Mutter- und Tochterzellen definiert.

Stellen wir den Zusammenhang der in diesem Abschnitt aufgestellten mit den in III.4 gegebenen Wachstumsgleichungen her, so gilt für die Altersdichte-Funktion

13.5 $\qquad y(t,a) = \int_a^\infty x(t,a,\tau) d\tau$

Die untere Integrationsgrenze beginnt bei a, da für Zellteilungen stets gilt $0 \leq a \leq \tau$.

Integrieren wir 13.1 über τ im Intervall $a \leq \tau < \infty$, so folgt

13.6 $\quad \dfrac{\partial y(t,a)}{\partial t} + \dfrac{\partial y(t,a)}{\partial a} = -k_o(a) \cdot y(t,a) - x(t,a,a)$

denn es gilt

$$\int_a^\infty \frac{\partial x(t,a,\tau)}{\partial a} d\tau = \frac{\partial}{\partial a} \int_a^\infty x(t,a,\tau) d\tau + x(t,a,a)$$

unter der Voraussetzung $\lim\limits_{\tau \to \infty} x(t,a,\tau) = 0$.

Integrieren wir 13.2 über τ im Intervall $0 \leq \tau < \infty$, so folgt wegen 13.4

13.7 $\quad y(t,0) = \int_0^\infty r(a) x(t,a,a) da$

Für den Fall der stochastischen Unabhängigkeit der Zykluszeiten von Mutter- und Tochterzellen gilt damit

13.8 $\quad x(t,a,a) = k(a) \cdot y(t,a) \qquad$ *Unabhängigkeit*

In diesem Fall stimmen die Gleichungen 13.6 und 13.7 mit den Wachstumsgleichungen 4.1 und 4.2 überein.

III.14 Geschlechtliche Vermehrung

Wir wollen nun die geschlechtliche, altersabhängige Vermehrung betrachten.

Wie in II.5 gezeigt, kann die zweigeschlechtliche Vermehrung durch ein Zwei-Compartmentmodell und die eingeschlechtliche Vermehrung durch ein Ein-Compartmentmodell dargestellt werden; letzteres soll für den Fall der Altersabhängigkeit in diesem Abschnitt geschehen.

Wir betrachten also eingeschlechtliche Populationen oder solche zweigeschlechtliche Populationen, die folgende Voraussetzungen erfüllen:

- Die weibliche und männliche Bevölkerungsstruktur ist identisch.
- Im Mittel werden pro Geburt gleichviel weibliche und männliche Nachkommen erzeugt, die sich in ihrem kinetischen Verhalten nicht voneinander unterscheiden.

Sind diese Annahmen erfüllt, so werden ausschließlich die weiblichen Individuen und deren weibliche Nachkommen betrachtet.

Stellen wir die geschlechtliche Vermehrung analog zu III.1 als multiplen GALTON-WATSON-Prozeß dar (Abb. 35) und betrachten ein (weibliches) Individuum, das sich zur Zeit t in der Altersklasse k befindet, dann können im Zeitintervall (t,t+Δt) folgende Übergänge mit den entsprechenden bedingten Wahrscheinlichkeiten auftreten:

- Altern ohne Nachkommen mit der Wahrscheinlichkeit $p_1(k)$
- Tod ohne Nachkommen mit der Wahrscheinlichkeit $p_0(k)$
- Geburt mit der Wahrscheinlichkeit $p(k)$

Falls eine Geburt erfolgt, erzeugt das Individuum
- genau j Nachkommen mit der Wahrscheinlichkeit $s(k,j)$ ($j = 0,1,2,...,R$).

Falls genau j Nachkommen erzeugt werden
- überlebt das Individuum mit der Wahrscheinlichkeit $q_1(k)$
- stirbt das Individuum mit der Wahrscheinlichkeit $q_0(k)$.

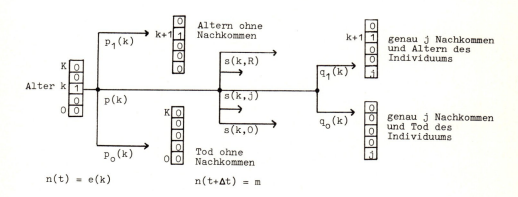

Abb. 35. Darstellung der (ein-)geschlechtlichen Vermehrung als multipler GALTON-WATSON-Prozeß

Für die bedingten Wahrscheinlichkeiten gilt:

14.1 $\quad p_0(k) + p_1(k) + p(k) = 1 \quad$ mit $\quad p_1(K) = 0$

$$\sum_{j=0}^{R} s(k,j) = 1$$

$\quad q_0(k) + q_1(k) = 1 \quad$ mit $\quad q_1(K) = 0$

für alle k = 0,1,2,...,K

Betrachten wir die Einzelübergänge als voneinander stochastisch unabhängig, so berechnen sich die bedingten Wahrscheinlichkeiten für die Übergänge n(t) = e(k) ⟶ n(t+Δt) = m als Produkt der Wahrscheinlichkeiten der entsprechenden Einzelübergänge:

- Altern ohne Nachkommen $\quad p_1(k)$
- genau j Nachkommen und Altern des Individuums $\quad p(k) \cdot s(k,j) \cdot q_1(k)$
- genau j Nachkommen und Tod des Individuums $\quad p(k) \cdot s(k,j) \cdot q_0(k)$
- Tod ohne Nachkommen $\quad p_0(k)$

Auf die Möglichkeit, die Müttersterblichkeit $q_0(k)$ außer vom Alter k der Mutter auch noch von der Zahl j der Nachkommen abhängig zu machen (d.h. $q_0(k,j) + q_1(k,j) = 1$), soll verzichtet werden.

Das hier abgeleitete Modell schließt das Modell der Zellteilung (III.1) ein.

Im Falle der Zellpopulationskinetik gilt

14.2 $\qquad q_1(k) = 0 \quad \text{und} \quad q_0(k) = 1 \quad \text{für alle} \quad k = 0,1,2,...,K$

Betrachten wir nun analog zu III.2 die Matrix der bedingten Erwartungswerte, so gilt

14.3 $\qquad a_{k,o} = r(k) \cdot p(k) \qquad \text{mit}$

$\qquad r(k) = \sum_{j=o}^{R} j \cdot s(k,j) \qquad \text{und}$

14.4 $\qquad a_{k,k+1} = p_1(k) + p(k) \cdot q_1(k)$

Mit der so definierten Projektionsmatrix kann für den Fall der eingeschlechtlichen Vermehrung analog zu III.2 der Erwartungswert des diskreten Prozesses iterativ bestimmt werden.

Betrachten wir nun den stetigen Übergang analog zu III.3, so gilt im Gegensatz zu 3.3

14.5 $\quad 1-a_{k,k+1} = p_o(k)+p(k)-p(k)\cdot q_1(k)$

$\quad\quad\quad\quad\quad\quad = p_o(k)+p(k)\cdot q_o(k)$

Für den Fall der geschlechtlichen Vermehrung kann die altersspezifische Absterberate also dargestellt werden als

14.6 $\quad\quad \lambda(a) = k_o(a)+q(a)\cdot k(a) \quad$ *altersspezifische Absterberate*

Dabei sind $k_o(a)$ und $k(a)$ die Übergangsraten wie in III.3 und $q(a)$ ist die *Müttersterblichkeit*, also der Anteil (weiblicher) Individuen, die im Zeitintervall (t,t+dt) bei der Reproduktion sterben, bezogen auf alle Individuen, die sich zur Zeit t in der Altersklasse (a,a+da) befinden und im Zeitintervall (t,t+dt) eine Reproduktion vornehmen. $q(a)$ ist der Erwartungswert der entsprechenden Wahrscheinlichkeit $q_o(a)$.

Die VON FOERSTER-Gleichung lautet

Verlust
14.7 $\quad\quad \dfrac{\partial y(t,a)}{\partial t} + \dfrac{\partial y(t,a)}{\partial a} = -\lambda(a)\cdot y(t,a)$

Produktion
14.8 $\quad\quad y(t,0) = \int\limits_o^\infty \varphi(a) y(t,a) da$

Anfangs-Altersdichte
14.9 $\quad\quad y(0,a) = u_o(a)$

Dabei ist $\varphi(a) = r(a)\cdot k(a)$ die altersspezifische Geburtenrate. Die Lebenstafel ist gegeben durch $G(a) = \mathrm{Exp}\left(-\int\limits_o^a \lambda(x)dx\right)$.

Damit sind sämtliche Aussagen für das Zellwachstum in III.4 auch auf den Fall der eingeschlechtlichen Vermehrung übertragbar.

Das altersabhängige Modell der geschlechtlichen Vermehrung eignet sich auch zur Anwendung in der Bevölkerungsstatistik und auf dem Gebiet des Gesundheitswesens. Bei solchen Anwendungen ist eine Berechnung der Übergangsraten aus der Aufenthaltszeitverteilung (siehe III.5) nicht notwendig, da die Übergangsraten in entsprechenden Tabellenwerten (13) direkt angegeben werden. Die Differentialgleichung 14.7 bis 14.9 beschreibt folgende Populationskinetiken:

Vermehrung durch Zellteilung (q=1): In jeder Generation werden r, im allgemeinen r=2, neue Individuen erzeugt, wobei die Mutterzelle aufgrund der Zellteilung ausscheidet.

Eingeschlechtliche Vermehrung (q=0): In jeder Generation werden r weibliche Individuen erzeugt, wobei das Mutterindividuum überlebt.

Pharmakokinetik: Die Einführung altersabhängiger Betrachtungsweisen gestattet die Annahme beliebiger Aufenthaltszeit-Verteilungen für ein Pharmakon oder seines Metaboliten im menschlichen Organismus. Dabei können zwei Arten der Elimination unterschieden werden, und zwar die reine Elimination ($k(a) \equiv 0$) sowie die Elimination nach Rezirkulation ($k(a) \geq 0$, q=1 und r=1).

IV. Das altersabhängige Multi-Compartmentmodell

Im folgenden sollen mathematische Methoden zur Darstellung altersabhängiger populationskinetischer Prozesse bei Multi-Compartmentmodellen vorgelegt werden. Die biologische Relevanz dieser Ansätze wird am Beispiel der quantitativen Bestimmung von Wachstumsparametern bei Synchronisations-Experimenten an CHO-T71-Fibroblasten sowie bei Markierungsexperimenten an renalen Sarkomen gezeigt.

Es geht darum, die funktionalen Zusammenhänge der altersabhängigen Populationskinetik auch dann mathematisch einheitlich darzustellen, falls Individuen verschiedene Zustände annehmen oder falls Mehr-Typen-Populationen untersucht werden. Wesentlich bleibt die Berücksichtigung der Aufenthaltszeiten und Generationszeiten der Individuen in den einzelnen Compartments, um altersabhängige Effekte mathematisch interpretieren zu können.

Wir gehen davon aus, daß eine Population in beliebig viele Teilpopulationen, also Compartments, strukturiert werden kann, wobei prinzipiell Übergänge von jedem Compartment zu jedem anderen und in das Systemäußere zugelassen werden. Einem Individuum ist in jedem Compartment eine gewisse Aufenthaltszeit zugeordnet, die vom Zeitpunkt des Eintritts in das Compartment ab gemessen wird und mit dem Austritt aus diesem Compartment beendet ist. Insofern messen wir nicht unmittelbar das Gesamtalter, das ein Individuum in einem Multi-Compartmentsystem erreicht, sondern berechnen dieses mit entsprechenden probabilistischen Methoden (IV.6) aus den Aufenthaltszeiten in den einzelnen Compartments. Durch den damit vorgelegten allgemeinen funktionalen Zusammenhang können sämtliche Strukturmodelle, die in I.3 aufgeführt wurden, mathematisch dargestellt werden.

Während im vorangegangenen Kapitel altersabhängige Effekte, insbesondere Synchronisationseffekte, dargestellt wurden, sollen nun konkrete Synchronisations-Experimente modellmäßig interpretiert werden. Eine solche experimentelle Synchronisation kann direkt oder indirekt erfolgen.

Eine direkte Synchronisation kann z.B. bei Zellkulturen (97,2) auf chemischem oder mechanischem Wege vorgenommen werden. Das Ergebnis besteht darin, daß eine Anfangs-Population erzeugt wird, deren Zellen sich sämtlich in der Mitose-Phase befinden. Ein entsprechendes Experiment (70) an CHO-T71-Fibroblasten wird in IV.7 mathematisch ausgewertet.

Zur Bestimmung der Wachstumsparameter von Zellpopulationen, z.B. Tumoren, die sich im Zustand des natürlichen Wachstums befinden, werden indirekte Synchronisationsverfahren, sogenannte Markierungsverfahren (81) angewendet. Das Wachstum der Gesamt-Population wird dabei nicht beeinträchtigt, jedoch kann die Population der markierten und der unmarkierten Zellen jeweils als synchronisierte Population angesehen werden. In IV.8 wird ein entsprechendes Markierungsexperiment bei renalen Sarkomen an Ratten ausgewertet.

Zur quantitativen Auswertung von Markierungsexperimenten hat J.C. BARRETT (5) ein mathematisches Modell hergeleitet, indem er den Zellzyklus mathematisch als einen stochastischen Erneuerungsprozeß (30, 47) auffaßt und den Erwartungswert dieses Prozesses stochastisch simuliert. Dieses Verfahren wurde weiter ausgebaut (6, 34, 66, 91, 92). E. TRUCCO (99, 12) geht zunächst von den VON FOERSTER-Gleichungen aus, benutzt jedoch letztlich auch die stochastische Simulation zur Ermittlung der Populationsgrößen. Deterministische Modelle zu Markierungsverfahren wurden vor allem von M. TAKAHASHI (93, 72) und T. ASHIHARA (3) angewendet.

Im folgenden betrachten wir einen deterministischen Ansatz zur Populationskinetik, der durch die Verallgemeinerung der VON FOERSTER-Gleichung auf Multi-Compartmentmodelle gegeben ist (IV.1). Es zeigt sich, daß zwei Typen von Multi-Compartmentmodellen angegeben werden können (IV.2, IV.3). Diese Modelle werden zunächst bei zeit- und altersabhängigen Übergangsraten und unter Einbeziehung der ungeschlechtlichen sowie der geschlechtlichen Vermehrung entwickelt. Um den Anwendungsbezug herzustellen, betrachten wir MALTHUS-Wachstum (IV.4). Für diesen Fall wird der Begriff der Synchronisation bei Multi-Compartmentmodellen (IV.5) mathematisch definiert, dessen Anwendung auf Synchronisations-Experimente im folgenden vorgenommen wird.

Die Anwendbarkeit des Multi-Compartmentmodells auf die Pharmakokinetik, die Bevölkerungsentwicklung sowie auf Modelle für konkurrierende Populationen unter Berücksichtigung der Altersabhängigkeit wird in IV.9. aufgezeigt. Damit ist ein methodischer Ansatz vorgelegt, der es gestattet, eine umfassende Klasse altersunabhängiger Modelle, die bisher durch Systeme gewöhnlicher Differentialgleichungen dargestellt wurden, mit Hilfe der VON FOERSTER-Gleichungen auf den Fall der Altersabhängigkeit zu übertragen.

IV.1 Der allgemeine VON FOERSTER-Ansatz

Im folgenden sollen Populationen betrachtet werden, die durch diskrete Zustandsgrößen in Subpopulationen strukturiert werden können. Diese Subpopulationen werden Compartments genannt.

Wir betrachten eine Population, die aus n Compartments besteht. $Y_i(t)$ ist die Anzahl der Individuen, die sich zur Zeit t im Compartment i (i=1,2,...n) befinden. Dann ist $Y(t) = \sum_{i=1}^{n} Y_i(t)$ die Anzahl der Individuen der Gesamtpopulation zur Zeit $t \geq 0$.

In den einzelnen Compartments werden Altersdichte-Funktionen $y_i(t,a)$ eingeführt. Dabei ist $a \geq 0$ nicht notwendig das Alter eines Individuums, sondern vielmehr die Aufenthaltszeit des Individuums im i-ten Compartment. Also ist $y_i(t,a)$da die Anzahl der Individuen, die sich zur Zeit t im i-ten Compartment und dort in der Altersklasse (a,a+da) befinden. Das "Alter" a wird stets vom Eintritt des Individuums in das i-te Compartment an gemessen, daher gilt

$$Y_i(t) = \int_0^\infty y_i(t,a)\,da$$

Um eine allgemeine mathematische Formulierung der alters- und zeitabhängigen Populationskinetik bei Multi-Compartmentmodellen zu gewährleisten, betrachten wir zeit- und altersabhängige *Verlustraten* $\lambda_i(t,a)$ und *Produktionsraten* $\varphi_{ji}(t,a)$. $\lambda_i(t,a)$dt ist der Anteil der Individuen, die im Zeitintervall (t,t+dt) das i-te Compartment verlassen, bezogen auf alle Individuen, die sich zur Zeit t im i-ten Compartment und dort in der Altersklasse (a,a+da) befinden. Die Verlustrate wird zunächst nicht danach differenziert, ob ein Individuum vom i-ten Compartment in ein anderes Compartment übergeht oder ob es durch Übergang in das Systemäußere die Gesamtpopulation verläßt. Eine solche Differenzierung erfolgt in IV.2 und IV.3.

$\varphi_{ji}(t,a)$dt ist der Anteil der Individuen, die im Zeitintervall (t,t+dt) von j-ten in das i-te Compartment übergehen, bezogen auf alle Individuen, die sich zur Zeit t im j-ten Compartment und dort in der Altersklasse (a,a+da) befinden. Die durch das j-te Compartment produzierten Individuen treten mit dem Alter a=0 in das i-te Compartment ein.

Der allgemeine VON FOERSTER-Ansatz für das i-te Compartment lautet dann:

Individuen-Verlust

1.1 $$\frac{\partial y_i(t,a)}{\partial t} + \frac{\partial y_i(t,a)}{\partial a} = - \lambda_i(t,a) \cdot y_i(t,a)$$

Individuen-Produktion

1.2 $$y_i(t,0) = \sum_{j=1}^{n} \int_0^{\infty} \varphi_{ji}(t,a) \cdot y_j(t,a) \, da$$

Anfangs-Altersdichte

1.3 $$y_i(0,a) = u_{io}(a)$$

mit $i = 1, 2, \ldots, n$.

Die partielle Differentialgleichung 1.1 beschreibt den Individuen-Verlust im i-ten Compartment. Die Individuen-Produktion 1.2 im i-ten Compartment ergibt sich durch Summation der Einzelübergänge aus dem j-ten Compartment (j=1,2,...,n) in das i-te Compartment. $y_i(t,0)dt$ ist die Anzahl der Individuen, die im Zeitintervall (t,t+dt) im i-ten Compartment neu entstehen. Die Anfangsaltersdichte 1.3 beschreibt die Altersverteilung der Individuen im i-ten Compartment zur Zeit t=0.

Die Verlustraten $\lambda_i(t,a)$ und die Produktionsraten $\varphi_{ji}(t,a)$ sind bei Zugrundelegung einer speziellen Multi-Compartment-Struktur (siehe IV.2 und IV.3) voneinander abhängig.

Betrachtet man diese Raten als gegeben, dann läßt sich die Lösung von 4.1 darstellen als

1.4 $$y_i(t,a) = \begin{cases} y_i(t-a,0) \cdot G_i(t-a,t) & \text{für } 0 \leq a < t \\ y_i(0,a-t) \cdot G_i(t \mid a-t) & \text{für } 0 \leq t < a \end{cases}$$

Die Funktionen $G_i(t-a,t)$ und $G_i(t \mid a-t)$ werden analog zu III.12 folgendermaßen erklärt:

1.5 $\quad G_i(t',t'+a) = \text{Exp}\left(-\int_0^a \lambda_i(t'+x,x)\,dx\right)$

ist der Anteil der Individuen, die zur Zeit $t=t'+a$ im i-ten Compartment die Aufenthaltszeit a erreichen, bezogen auf alle Individuen, die im Zeitintervall $(t',t'-dt')$ in das i-te Compartment eingetreten sind. Dabei ist $0 \leq t' < t$ und $a=t-t'$. $G_i(t',t'+a)$ ist also die Lebenstafel für das i-te Compartment.

1.6 $\quad G_i(t'+a|-t') = \text{Exp}\left(-\int_{-t'}^a \lambda_i(t'+x,x)\,dx\right)$

ist der Anteil der Individuen, die zur Zeit $t=t'+a$ im i-ten Compartment die Aufenthaltszeit a erreichen, bezogen auf alle Individuen, die zur Zeit $t=0$ im i-ten Compartment bereits die Aufenthaltszeit $-t'$ erreicht haben. Dabei ist $t'< 0$, $t \geq 0$ und $a = t-t'$.

Im folgenden verstehen wir unter dem Alter a eines Individuums stets die Aufenthaltszeit a, die ein Individuum zur Zeit t in einem bestimmten Compartment verbringt.

Die LOTKA'schen Erneuerungsgleichungen ergeben sich durch Einsetzen von 1.4 in 1.2.

1.7 $\quad y_i(t,0) = \sum_{j=1}^{n} \int_0^t \varphi_{ji}(t,a) \cdot G_j(t-a,t) y_j(t-a,0)\,da$

$\qquad\qquad\quad + \sum_{j=1}^{n} \int_t^{\infty} \varphi_{ji}(t,a) \cdot G_j(t|a-t) y_j(0,a-t)\,da$

Löst man diese LOTKA'schen Integralgleichungen bei gegebenen Verlustraten $\lambda_i(t,a)$, Produktionsraten $\varphi_{ji}(t,a)$ und Anfangs-Altersdichten $y_i(0,a)$, dann ist durch 1.4 auch die Lösung der allgemeinen VON FOERSTER-Gleichungen 1.1 bis 1.3 gegeben.

Betrachtet man die Gesamtzahl der Individuen im i-ten Compartment

1.8 $\quad Y_i(t) = \int_0^{\infty} y_i(t,a)\,da$, dann gilt nach 1.4

1.9 $\quad Y_i(t) = \int_0^t G_i(t-a,t) y_i(t-a,0)\,da + \int_t^{\infty} G_i(t|a-t) y_i(0,a-t)\,da$

und aus 1.1 folgt nach partieller Integration

1.10 $\quad \dot{Y}_i(t) = y_i(t,0) - \int_0^{\infty} \lambda_i(t,a) \cdot y_i(t,a)\,da$

Damit ist gezeigt, daß sich die Ergebnisse von III.4 in analoger Form auch auf allgemeine Multi-Compartmentmodelle mit zeit- und altersabhängigen Übergangsraten anwenden lassen.
Die Abbildung der hier entwickelten funktionalen Zusammenhänge auf konkrete Compartment-Strukturen wird in IV.2 und IV.3 vorgenommen.

IV.2 Das Compartmentmodell Typ A
_____

Es soll zunächst ein Multi-Compartmentmodell angegeben werden, das als direkte Verallgemeinerung der in Pharmakokinetik betrachteten Modelle (26) auf zeit- und altersabhängige populationskinetische Prozesse angesehen werden kann. Abb. 36 zeigt das entsprechende Strukturschema am Beispiel des allgemeinen 2-Compartmentmodells.

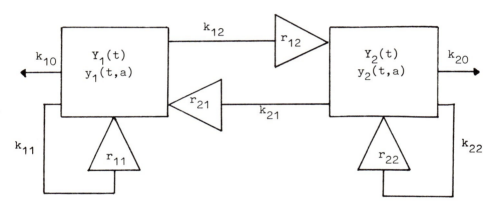

Abb.36. Allgemeines 2-Compartmentmodell Typ A

Es werden zeit- und altersabhängige *Generationraten* $k_{ij}(t,a)$ vom i-ten Compartment (i=1,2,...n) in alle übrigen Compartments, sowie in das eigene Compartment (j=1,2,...n), und *Ausscheidungsraten* $k_{io}(t,a)$ in das Systemäußere zugelassen. Dabei ist n die Anzahl der Compartments.

Der Übergang vom i-ten in das j-te Compartment kann entweder als Reproduktion definiert sein, d.h. das Mutterindividuum im i-ten Compartment erzeugt mehrere Tochterindividuen (Reproduktion r_{ij}), die in das j-te Compartment gelangen, oder als direkter Übergang gegeben sein, d.h. das Individuum geht vom i-ten Compartment in das j-te Compartment über. Der Fall der ungeschlechtlichen und geschlechtlichen Vermehrung wird durch die Sterblichkeit q_{ij} in der Form berücksichtigt (siehe auch III.14), daß bei der Reproduktion das Mutterindividuum entweder aus dem i-ten Compartment ausscheidet ($q_{ij}=1$) oder aber im i-ten Compartment überlebt ($q_{ij}=0$). Beim direkten Übergang scheidet das Individuum in jedem Falle aus dem i-ten Compartment aus ($q_{ij}=1$) und tritt in das j-te Compartment ein ($r_{ij}=1$). Bei jeder Form des Übergangs tritt das Individuum mit dem Alter a=0 in das j-te Compartment ein.

Die Modellparameter wurden folgendermaßen definiert: $k_{ij}(t,a)$ [1/Zeit] ist die *Generationsrate* vom i-ten in das j-te Compartment (i=1,2,...n und j=1,2,...n). Dabei ist $k_{ij}(t,a)dt$ der Anteil der Individuen im i-ten Compartment, die sich im Zeitintervall (t,t+dt) an der Reproduktion in das j-te Compartment oder am direkten Übergang in das j-te Compartment beteiligen, bezogen auf alle Individuen, die sich zur Zeit t im i-ten Compartment und dort in der Altersklasse (a,a+da) befinden.

$q_{ij} \cdot k_{ij}(t,a)dt$ ist der Anteil der Individuen im i-ten Compartment, die bei der Reproduktion in das j-te Compartment oder während des direkten Übergangs in das j-te Compartment im Zeitintervall (t,t+dt) das i-te Compartment verlassen, bezogen auf alle Individuen, die sich zur Zeit t im i-ten Compartment und dort in der Altersklasse (a,a+da) befinden.

q_{ij} [Dimensionslos] ist die *Sterblichkeit* beim Übergang vom i-ten in das j-te Compartment. Es gilt $0 \leq q_{ij} \leq 1$.

$r_{ij} \cdot k_{ij}(t,a)dt$ ist der Anteil der Individuen, die bei der Reproduktion oder beim direkten Übergang vom i-ten in das j-te Compartment, im Zeitintervall (t,t+dt) im j-ten Compartment neu entstehen, bezogen auf alle Individuen, die sich zur Zeit t im i-ten Compartment und dort in der Altersklasse (a,a+da) befinden.

r_{ij} [Dimensionslos] ist die *Reproduktion* beim Übergang vom i-ten in das j-te Compartment. Es gilt $0 \leq r_{ij}$.

$k_{io}(t,a)$ [1/Zeit] ist die *Ausscheidungsrate* aus dem i-ten Compartment in das Systemäußere. Dabei ist $k_{io}(t,a)dt$ der Anteil der Individuen, die im Zeitintervall (t,t+dt) direkt in das Systemäußere übergehen, bezogen auf alle Individuen, die sich zur Zeit t im Compartment i

und dort in der Altersklasse (a,a+da) befinden. Stellen wir nun den
Zusammenhang zu IV.1 her, dann gilt für jedes Compartment i=1,2,...n:

Verlustrate

2.1 $\qquad \lambda_i(t,a) = k_{io}(t,a) + \sum_{j=1}^{n} q_{ij} \cdot k_{ij}(t,a)$

Produktionsrate

2.2 $\qquad \varphi_{ji}(t,a) = r_{ji} \cdot k_{ji}(t,a)$

Damit ist der funktionale Zusammenhang des Multi-Compartmentsystems
Typ A durch die VON FOERSTER-Gleichungen 1.1 bis 1.3 eindeutig festgelegt.

IV.3 Das Compartmentmodell Typ B

Bei praktischen Anwendungen des Compartmentmodells Typ A wird sich
das Problem der quantitativen Bestimmung mehrerer zeit- und altersabhängiger Generationsraten pro Compartment als gravierend erweisen,
wenn man bedenkt, daß jede dieser Generationsraten in der Regel durch
mehrere Parameter geschätzt werden muß. Als Alternative bietet sich
an, die Übergänge zwischen den Compartments durch die Reproduktionen
r_{ij} zu definieren und als Übergangsraten pro Compartment nur die Ausscheidungsrate $k_{io}(t,a)$ und eine Generationsrate $k_i(t,a)$ zu betrachten. Diese Annahme erscheint auch im Hinblick auf konkrete Anwendungen realistisch zu sein. Das Beispiel eines solchen allgemeinen
2-Compartmentmodells vom Typ B findet sich in Abb. 37. Sämtliche

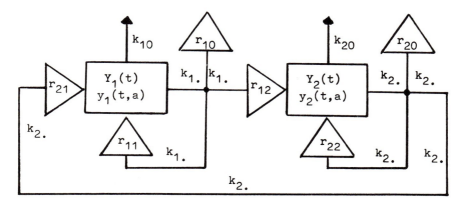

Abb. 37. Allgemeines 2-Compartmentmodell Typ B

Strukturschemata in I.3 lassen sich als Compartmentmodell vom Typ B darstellen.

Die Ausscheidungsrate $k_{io}(t,a)$ ist wie in IV.2 definiert. Die Generationsrate $k_{i.}(t,a)$ ist so definiert, daß $k_{i.}(t,a)dt$ der Anteil der Individuen im i-ten Compartment ist, die sich im Zeitintervall (t,t+dt) an der Reproduktion oder am direkten Übergang in ein beliebiges Compartment beteiligen, bezogen auf alle Individuen, die sich zur Zeit t im i-ten Compartment und dort in der Altersklasse (a,a+da) befinden.

$q_i \cdot k_{i.}(t,a)dt$ ist der Anteil der Individuen im i-ten Compartment, die bei der Reproduktion oder beim direkten Übergang in ein beliebiges Compartment im Zeitintervall (t,t+dt) das i-te Compartment verlassen, bezogen auf alle Individuen, die sich zur Zeit t im i-ten Compartment und dort in der Altersklasse (a,a+da) befinden.

$r_{ij} \cdot k_{i.}(t,a)dt$ ist der Anteil der Individuen, die bei der Reproduktion oder beim direkten Übergang vom i-ten Compartment in das j-te Compartment, im Zeitintervall (t,t+dt) im j-ten Compartment neu entstehen, bezogen auf alle Individuen, die sich zur Zeit t im i-ten Compartment und dort in der Altersklasse (a,a+da) befinden.

q_i mit $0 \leq q_i \leq 1$ ist die Sterblichkeit
r_{ij} mit $r_{ij} \geq 0$ ist die Reproduktion.

Die Verlustraten und die Produktionsraten können dargestellt werden als:

Verlustrate

3.1 $\quad\quad \lambda_i(t,a) = k_{io}(t,a) + q_i \cdot k_{i.}(t,a)$

Produktionsrate

3.2 $\quad\quad \varphi_{ji}(t,a) = r_{ji} \cdot k_{j.}(t,a)$

Der funktionale Zusammenhang für das Compartmentmodell Typ B ist damit durch die VON FOERSTER-Gleichungen 1.1 bis 1.3 gegeben.

IV.4 Das altersabhängige MALTHUS-Modell

In den vorangegangenen Abschnitten wurde das allgemeine Multi-Compartmentmodell Typ A und Typ B bei zeit- und altersabhängigen Über-

gangsraten betrachtet. Bei den Synchronisations-Experimenten, die
im folgenden ausgewertet werden sollen, handelt es sich um Wachstumsprozesse, die sich in der Anfangsphase der Wachstumskinetik befinden, die also durch MALTHUS-Wachstum beschrieben werden können. Wir
sprechen von einem altersabhängigen MALTHUS-Modell, falls die Verlust- und Produktionsraten (siehe IV.1) zwar vom Alter a, jedoch
nicht von der Zeit t abhängen.

Für das Modell Typ A sind diese Raten gegeben durch

4.1.A $\qquad \lambda_i(t,a) \equiv \lambda_i(a) = k_{io}(a) + \sum_{j=1}^{n} q_{ij} \cdot k_{ij}(a)$

4.1.B. $\qquad \varphi_{ji}(t,a) \equiv \varphi_{ji}(a) = r_{ji} \cdot k_{ji}(a)$

und für das Modell Typ B gegeben durch

4.1.B. $\qquad \lambda_i(t,a) \equiv \lambda_i(a) = k_{io}(a) + q_i \cdot k_{i.}(a)$

4.2.B. $\qquad \varphi_{ji}(t,a) \equiv \varphi_{ji}(a) = r_{ji} \cdot k_{j.}(a)$

Beide Modelle können durch die VON FOERSTER-Gleichungen 1.1 bis 1.3
mathematisch beschrieben und mit den in IV.1 dargestellten Mitteln
gelöst werden. Aus Gründen, die in IV.3 genannt wurden, soll im folgenden ausschließlich das altersabhängige MALTHUS-Modell Typ B betrachtet werden.

Es sollen nun die Generationsraten $k_{i.}(a)$ und die Ausscheidungsraten $k_{io}(a)$, die im allgemeinen nicht direkt gemessen werden können,
durch die Aufenthaltszeit-Verteilungen in den einzelnen Compartments
dargestellt werden. Wir gehen davon aus, daß die Aufenthaltszeiten
in den einzelnen Compartments voneinander stochastisch unabhängig
sind.
Betrachtet man die Lebenstafel für das i-te Compartment, so folgt
nach 1.5

4.3 $\qquad G_i(a) = G_i(t',t'+a) = \text{Exp}\left(-\int_0^a \lambda_i(x)\,dx\right) \qquad$ *Lebenstafeln*

Bei MALTHUS-Modellen ist die Aufenthaltszeit-Verteilung eines Individuums im i-ten Compartment also zeitunabhängig. $G_i(a)$ ist der Anteil der Individuen, die im i-ten Compartment mindestens das Alter a
erreichen, bezogen auf alle Individuen im i-ten Compartment.

4.4 $\quad H_i(a) = 1 - G_i(a) \quad$ *Sterbetafeln*

ist der entsprechende Anteil der Individuen, die im i-ten Compartment höchstens das Alter a erreichen. Betrachtet man die Dichte-Funktion der Sterbetafel

4.5 $\quad h_i(a) = \dfrac{d\,H_i(a)}{da}\,, \quad$ dann folgt aus 4.4 und 4.3

4.6 $\quad h_i(a) = \lambda_i(a) \cdot G_i(a) \quad$ also kann die Verlustrate dargestellt werden als

4.7 $\quad \lambda_i(a) = \dfrac{h_i(a)}{G_i(a)} \quad$ oder $\quad k_{io}(a) + q_i \cdot k_{i.}(a) = \dfrac{h_i(a)}{G_i(a)}$

Betrachtet man den Anteil $F_{i.}(a)$ der Individuen, die das i-te Compartment bei der Generation neuer Individuen verlassen und höchstens das Alter a erreichen, bezogen auf alle Individuen im i-ten Compartment, also die Generationszeit-Verteilung für das i-te Compartment und ferner die Ableitung

4.8 $\quad f_{i.}(a) = \dfrac{d\,F_{i.}(a)}{da}$

dann gilt analog zu III.5

4.9 $\quad f_{i.}(a) = G_i(a) \cdot q_i \cdot k_{i.}(a) \quad$ oder

4.10 $\quad q_i \cdot k_{i.}(a) = \dfrac{f_{i.}(a)}{G_i(a)} \quad$ für $0 < q_i \leq 1$

Durch 4.7 und 4.10 können die Ausscheidungsraten $k_{io}(a)$ und die Generationsraten $k_{i.}(a)$ berechnet werden.

Falls die Mutterindividuen bei der Regeneration keine Sterblichkeit ($q_i = 0$) aufweisen, ist $F_{i.}(a) \equiv 0$ und Gleichung 4.10 keine Bestimmungsgleichung für die Generationsrate $k_{i.}(a)$. Die Generationsrate tritt in diesem Fall der geschlechtlichen Vermehrung nicht in der Verlustrate $\lambda_i(a)$ auf, sondern ausschließlich in der Produktionsrate $\varphi_{ij}(a)$.

Abschließend soll darauf hingewiesen werden, daß sich bei MALTHUS-Modellen die Lösung der VON FOERSTER-Gleichung vereinfacht. In den Formeln 1.4, 1.8 und 1.9 gilt wegen 4.3

4.11 $\quad G_i(t-a, t) = G_i(a) \quad$ für $0 \leq a < t$

4.12 $\quad G_i(t \mid a-t) = \dfrac{G_i(a)}{G_i(a-t)} \quad$ für $0 \leq t < a$

IV.5 Stabiles Wachstum und Synchronisation bei MALTHUS-Modellen

Wir wollen nun Bedingungsgleichungen herleiten, unter denen in einem allgemeinen altersabhängigen MALTHUS-Modell der Zustand des stabilen Wachstums herrscht, um so auch bei Multi-Compartmentmodellen den Begriff der Synchronisation eindeutig definieren zu können.

Ein Compartmentsystem befindet sich im Zustand des stabilen Wachstums, wenn die Altersverteilungen sowohl in den einzelnen Compartments als auch in dem Gesamtsystem zeitunabhängig sind. Stabiles Wachstum (siehe auch III.8) liegt vor, wenn für die Altersdichten gilt

5.1 $\quad y_i(t,a) = u_i(a) \cdot y(t)$

wobei $u_i(a)$ die stabile Altersverteilung im i-ten Compartment ist und

5.2 $\quad Y(t) = \sum_{i=1}^{n} Y_i(t)$

die Gesamtzahl der vorhandenen Individuen des Multi-Compartmentsystems ist.

Aus 5.1 folgt

5.3 $\quad Y_i(t) = \int_0^\infty y_i(t,a)\,da = U_i \cdot Y(t) \quad$ mit

5.4 $\quad U_i = \int_0^\infty u_i(a)\,da$

Wegen 5.2 muß gelten

5.5 $\quad \sum_{i=1}^{n} U_i = 1$

also ist U_i der Anteil der Individuen im i-ten Compartment bezogen auf die Gesamtzahl der Individuen des Multi-Compartmentsystems. Dieser Anteil ist im Zustand des stabilen Wachstums zeitunabhängig.

Setzen wir nun 5.1 in 1.1 ein, dann folgt

5.6 $\quad Y(t) = Y(0) \cdot e^{\mu t} \quad$ und

5.7 $$u_i(a) = u_i(0) \cdot e^{-\mu a} \cdot G_i(a)$$

mit $G_i(a) = \text{Exp}\left(-\int_0^a \lambda_i(x)\,dx\right)$

Dabei ist $G_i(a)$ die Lebenstafel (siehe 4.3) und μ die noch zu bestimmende stabile Rate des natürlichen Wachstums.

Die Altersdichten in den einzelnen Compartments sind also gegeben durch

5.8 $$y_i(t,a) = Y(0) \cdot e^{\mu t} \cdot u_i(0) \cdot e^{-\mu a} \cdot G_i(a)$$

und es gilt nach 5.4

5.9 $$U_i = u_i(0) \cdot \int_0^\infty e^{-\mu a} \cdot G_i(a)\,da$$

Setzen wir 5.8 in 1.2 ein, dann folgt

5.10 $$\begin{pmatrix} u_1(0) \\ u_2(0) \\ \vdots \\ u_n(0) \end{pmatrix} = \begin{pmatrix} K_{11} & K_{21} & \cdot & K_{n1} \\ K_{12} & K_{22} & \cdot & K_{n2} \\ \vdots & & & \\ K_{1n} & K_{2n} & \cdot & K_{nn} \end{pmatrix} \cdot \begin{pmatrix} u_1(0) \\ u_2(0) \\ \vdots \\ u_n(0) \end{pmatrix}$$

mit

5.11 $$K_{ij} = \int_0^\infty \varphi_{ij}(a) \cdot e^{-\mu a} \cdot G_i(a)\,da$$

wobei die Koeffizienten $K_{ij} = K_{ij}(\mu)$ von der stabilen Rate des natürlichen Wachstums μ abhängig sind. Die zeitunabhängigen Produktionsraten $\varphi_{ij}(a)$ sind durch 4.2.B. gegeben. Fassen wir die Koeffizienten formal zu einer Matrix zusammen

5.12 $$K = \{K_{ji}\} \quad (i,j = 1,2,\ldots,n)$$

und betrachten den Vektor

5.13 $$u(0) = (u_1(0), u_2(0), \ldots, u_n(0))'$$

dann führt die Bestimmung der stabilen Rate des natürlichen Wachstums μ eines Multi-Compartmentsystems zu dem homogenen Gleichungssystem

5.14 $$u(0) = K \cdot u(0)$$

Die notwendige Bedingung für die Lösung dieser Gleichung 5.14 ist, daß die Determinante

5.15 $\quad |K-I| = 0$

verschwindet, wobei I die n-dimensionale Einheitsmatrix ist.

μ ist also so zu bestimmen, daß die Gleichung 5.15 erfüllt ist und der zu der Aufgabe 5.14 gehörige Lösungsvektor u(0) in allen Komponenten positiv ist. Bei nicht entarteten Problemen ist der Lösungsvektor u(0) bis auf einen Normierungs-Faktor eindeutig bestimmt. Dieser Faktor wird über 5.9 durch die Normierung 5.5 festgelegt.

Damit sind sämtliche Bedingungen für den Zustand des stabilen Wachstums im Mulit-Compartmentsystem angegeben. Für den Fall n=1 stimmen sie mit den in III.8 hergeleiteten Bedingungen überein. Im Zustand des stabilen Wachstums verläuft die Kinetik der einzelnen Compartments und des Gesamtsystems also rein exponentiell, wobei der Anteil der Individuen in den einzelnen Compartments zueinander zeitinvariant ist.

Wir können analog zu III.9 definieren: Die Gesamt- und Teilpopulationen eines Multi-Compartmentsystems sind genau dann *nicht synchronisiert*, wenn das Compartmentsystem sich im Zustand des stabilen Wachstums befindet. Durch die entsprechende Alternativaussage (siehe III.9) ist auch allgemein der Begriff der Synchronisation festgelegt.

Bei Multi-Compartmentmodellen ist es möglich, eine spezifische Definition der Synchronisation einzuführen: Man kann sagen, eine Population ist zur Zeit t vollständig *auf das i-te Compartment synchronisiert* (etwa auf die Mitosephase IV.7), falls sich alle Individuen des Systems zur Zeit t in diesem Compartment befinden. Es ist hinzuzusetzen, daß diese Definition erst dann eindeutig ist, wenn die Altersverteilung im i-ten Compartment zur Zeit t vorgegeben ist. Auch bei dem hier betrachteten altersabhängigen MALTHUS-Modell ist ein ergodisches Verhalten festzustellen (siehe III.9), so daß jede synchronisierte Population nach hinreichend langer Wachstumsdauer eine stabile Altersverteilung nach 5.6 annimmt.

Für die Berechnung der stabilen Altersverteilung und der stabilen Rate des natürlichen Wachstums müssen lediglich die Verlust- und

Produktionsraten bekannt sein, also die kinetischen Parameter des Multi-Compartmentsystems. Die Anfangs-Altersdichten 1.4 gehen in diese Berechnung nicht ein.

IV.6 Gesamt-Aufenthaltszeiten in MALTHUS-Modellen

Zur funktionalen Beschreibung der Multi-Compartmentstruktur wurde die stetige Zustandsgröße "Alter" jeweils auf die einzelnen Compartments bezogen, d.h. jedem Individuum wurde eine Aufenthaltsdauer zugeordnet, die mit dem Eintritt in das i-te Compartment beginnt und mit dem Austritt aus dem i-ten Compartment endet. Bei Modellen, in denen die Compartments als Subphasen eines Lebenszyklus angesehen werden, z.B. bei Zellzyklus-Modellen (Abb. 2 bis Abb. 4), wird es notwendig die Gesamt-Aufenthaltszeit eines Individuums in der Population zu berechnen. Diese Gesamt-Aufenthaltszeit beginnt mit dem Eintritt eines Individuums in die Population und endet mit dem Austritt aus der Population. Während seiner Existenz kann das Individuum also mehrere Wachstumsphasen (Compartments) durchlaufen. Aus den Aufenthaltszeitverteilungen in den einzelnen Compartments muß die Gesamt-Aufenthaltszeitverteilung ermittelt werden.

In einem Multi-Compartmentmodell können durchaus mehrere Gesamt-Aufenthaltszeitverteilungen definiert sein. Jede Gesamt-Aufenthaltszeitverteilung ist abhängig von dem Weg, den ein Individuum durch die Compartments zurücklegt. Betrachtet man etwa das Struktur-Modell Abb. 4 für den Zellzyklus, so können insgesamt 4 verschiedene Zykluszeit-Verteilungen berechnet werden. Die Zykluszeit einer Tochterzelle beginnt bei der vollendeten Teilung ihrer Mutterzelle und endet mit der eigenen Teilung. Die "normale" Zykluszeit einer Zelle ist die Zeit, die beim Durchlauf durch die proliferierenden Zellphasen vergeht, außerdem existieren noch drei weitere Zykluszeiten, die beim zuzätzlichen Durchlauf durch jeweils eines oder beider Q-Compartments vergehen.

Wir nehmen an, daß ein Individuum m Compartments in einem n-Compartmentsystem ($m \leq n$) nacheinander jeweils einmal durchläuft und indizieren diese Compartments mit $i=1,2,\ldots,m$. Die Generationszeit-Verteilung $F_i(a)$ in diesen Compartments (siehe IV.4) sei nichttrivial, d.h. $F_i(a) \not\equiv 0$ für alle $i=1,2,\ldots,m$. Die Ableitung $f_i(a)$ ist gegeben durch 4.8.

Zunächst wird die Aufenthaltszeit z betrachtet, die mit dem Eintritt eines Individuums in das i-te Compartment beginnt und mit dem Austritt des Individuums aus dem (i+1)-ten Compartment endet. Die Einzel-Aufenthaltszeiten im i-ten und (i+1)-ten Compartment werden als voneinander stochastisch unabhängig vorausgesetzt. Dann ist die Verteilungsdichte $g_{i,i+1}(z)$ für die Gesamt-Aufenthaltszeit z gegeben (etwa 31, S. 77) durch das Faltungsintegral

6.1 $$g_{i,i+1}(z) = c_i \cdot c_{i+1} \cdot \int_0^z f_{i+1,.}(z-x) \cdot f_{i.}(x) \, dx$$

mit den Normierungsfaktoren

6.2 $$c_i = \left(\int_0^\infty f_{i.}(x) \, dx \right)^{-1}$$

Die Integrationsgrenze der Faltung 6.1 reicht nur bis z, da für $z-x \leq 0$ stets gilt $f_{i+1,.}(z-x) = 0$. Durch 6.1 läßt sich rekursiv die Verteilungsdichte der Gesamtaufenthaltszeit in den Compartments $i=1,2,\ldots,m$ berechnen. Wir setzen

6.3 $$g_{1,1}(z) = c_1 \cdot f_{1.}(z)$$

und erhalten mit Hilfe von 6.1

6.4 $$g_{1,i}(z) = c_i \cdot \int_0^z f_{i.}(z-x) \cdot g_{1,i-1}(x) \, dx$$

für $i = 2,3,\ldots,m$. Dabei ist $g_{1,i}(z)$ die Verteilungsdichte für die Gesamtaufenthaltsdauer z, die beim seriellen Durchlauf vom ersten bis zum i-ten Compartment benötigt wird.

Eine mittlere Gesamt-Aufenthaltszeit $\bar{z}_i$ (Erwartungswert) in diesen i Compartments läßt sich berechnen durch

6.5 $$\bar{z}_i = \int_0^\infty z \cdot g_{1,i}(z) \, dz$$

Die Varianz der Gesamt-Aufenthaltszeit σ_i^2 ist gegeben durch

6.6 $$\sigma_i^2 = \int_0^\infty z^2 \cdot g_{1,i}(z) \, dz - \bar{z}^2$$

IV.7 Synchronisations-Experiment bei CHO-Fibroblasten

Wie schon einleitend bemerkt, ist eine experimentelle Unterscheidung von mitotischen und nicht-mitotischen Zellen durch morphologische Beobachtung oder durch UV-Absorbtion am Zellkernsäure möglich. Die in Abb. 38 dargestellten Zellzyklus-Phasen für das Interphasenmodell sind also experimentell beobachtbar.

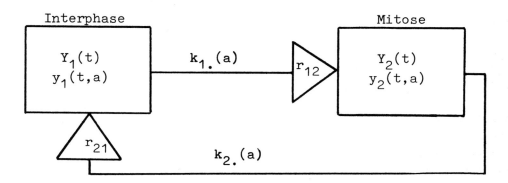

Abb. 38. Interphasenmodell für den Zellzyklus

Eine Zelle befindet sich zunächst in der Interphase und verläßt die Interphase nach einer Aufenthaltszeit a mit der Übergangsrate $k_1.(a)$, sowie der Reproduktion $r_{12}=1$ und der Sterblichkeit $q_1=1$ (siehe IV.4). Die Zelle tritt mit dem Alter a=0 in die Mitosephase ein und verläßt die Mitosephase nach einer Aufenthaltszeit a mit der Übergangsrate $k_2.(a)$, sowie der Reproduktion $r_{21}=2$ und der Sterblichkeit $q_2=1$, indem sie sich teilt und zwei Tochterzellen mit dem Alter a=0 in die Interphase eintreten. Soll bei diesem Übergang ein Zellverlust durch Reproduktiv-Tod berücksichtigt werden (siehe III.10), so ist dies durch die Annahme $0 < r_{12} \leq 1$ und $0 < r_{21} \leq 2$ möglich. Der Interphasen-Tod, der durch die Ausscheidungsraten definiert werden kann, soll im folgenden ausgeschlossen werden, d.h. $k_{io}(a)=0$ für i=1,2 und alle $a \geq 0$.

Die funktionale Beschreibung des Interphasenmodells ist für das MALTHUS-Wachstum durch die Gleichungen 1.1 bis 1.3 gegeben, wenn die Verlustraten und die Produktionsraten zeitunabhängig definiert werden.

7.1 *Verlustraten*
$$\lambda_i(t,a) = q_i \cdot k_{i.}(a) \quad \text{mit } q_i = 1 \quad \text{für } i=1,2.$$

7.2 *Produktionsraten*
$$\varphi_{12}(t,a) = r_{12} \cdot k_{1.}(a) \quad \text{mit } r_{12}=1$$
$$\varphi_{21}(t,a) = r_{21} \cdot k_{2.}(a) \quad \text{mit } r_{21}=2$$
$$\varphi_{11}(t,a) = 0 \quad \text{d.h. } r_{11}=0$$
$$\varphi_{22}(t,a) = 0 \quad \text{d.h. } r_{22}=0$$

Im folgenden wird ein Synchronisations-Experiment bei CHO-Fibroblasten (70) mathematisch ausgewertet, in dem die Synchronisation durch mechanische Selektion vorgenommen wurde. Diese Selektion bewirkt, daß sich zum Zeitpunkt t=0 sämtliche Zellen in der Mitosephase befinden, d.h. $Y_1(0)=0$ und $Y_2(0)=Y(0)$.
Dabei beschreibt $Y_i(t) = \int_0^\infty y_i(t,a)\,da$ die Anzahl der Zellen im i-ten Compartment (i=1,2) und $Y(t) = Y_1(t) + Y_2(t)$ die Gesamtzahl Zellen zur Zeit t.

Da es experimentell sehr aufwendig und teilweise sogar unmöglich ist, die Anzahl bzw. das Gewicht der Teilpopulationen direkt zu bestimmen, wird der sogenannte Mitoseindex als Zielgröße angesehen.

7.3 $$MI(t) = \frac{Y_2(t)}{Y_1(t) + Y_2(t)} \qquad \textit{Mitoseindex}$$

Der Mitoseindex ist der Quotient aus der Anzahl mitotischer Zellen und der Gesamt-Zellzahl zur Zeit t. Der Mitoseindex kann experimentell durch Auszählen der im Gesichtsfeld eines Mikroskopes befindlichen mitotischen und nicht-mitotischen Zellen bestimmt werden. Das Ziel eines Synchronisations-Experiments besteht darin, aus dem zeitlichen Verlauf des Mitose-Indexes die Wachstumskinetik der beobachteten Population zu bestimmen. Falls der Mitose-Index einer nicht synchronisierten, d.h. einer stabil wachsenden Population betrachtet wird, wäre er bei MALTHUS-Wachstum stets konstant und ließe keine Aussagen über die Wachstumskinetik, z.B. über die mittlere Zykluszeit der Population zu. Erst nach der Synchronisation zeigt der Mitose-Index ein charakteristisches Verhalten (Abb. 42), aus dem die Wachstumsparameter quantitativ bestimmt werden können. Eine solche Auswertung, der das eben angeführte Interphasenmodell zugrunde liegt, soll im folgenden erläutert werden.

IV.7.1 Mitose-Index bei CHO-Fibroblasten

Aus dem zeitlichen Verlauf des Mitose-Indexes (Abb. 42) werden die Parameter der Aufenthaltszeit-Verteilungen sowie die Anfangs-Altersdichten in den einzelnen Zellzyklus-Phasen mit Hilfe der Simulation bestimmt. Zur Simulation altersabhängiger Effekte bei MALTHUS-Modellen vom Typ B wurde ein digitales Computerprogramm entwickelt, das für die Aufenthaltszeiten in den einzelnen Compartments folgende Verteilungs-Annahmen gestattet:

Log-logistische Verteilung
Gamma-Verteilung
Log-normale Verteilung
Exponentialverteilung

wobei jeweils Zeitverzögerungen zugelassen sind.

Die Eingabe der kinetischen Parameter in dieses Programm, sowie die daraus für das stabile Wachstum berechneten Kenngrößen ist für das Synchronisations-Experiment bei CHO-Fibroblasten (70) in Abb. 39 dargestellt.

Zur Darstellung des Mitose-Indexes werden für die Aufenthaltszeit-Verteilungen in den beiden Compartments jeweils Exponentialverteilungen mit Zeitverzögerungen angenommen:

7.1.1 $\quad G_i(a) = \begin{cases} 1 & \text{für } 0 \leq a < a_i \\ \text{Exp}(-k_i \cdot (a-a_i)) & \text{für } a_i \leq a < \infty \end{cases}$

Die altersabhängigen Übergangsraten können dargestellt werden als

7.1.2 $\quad k_i(a) = \begin{cases} 0 & \text{für } 0 \leq a < a_i \\ k_i & \text{für } a_i \leq a < \infty \end{cases}$

Mit der Festlegung (Abb. 39) der Parameter a_i und k_i sind die Verlustraten 7.1 und die Produktionsraten 7.2 für das Interphasen-Modell eindeutig bestimmt:

$a_1 = 8.00$ [h] und $k_1 = 0.60$ [1/h] *Compartment 1*
$a_2 = 0.60$ [h] und $k_2 = 0.60$ [1/h] *Compartment 2*

Damit läßt sich nach IV.5 die stabile Rate des natürlichen Wachstums $\mu=0.5935$ [1/h], sowie der Anteil $U_1=0.8604$ der Individuen, die sich bei stabilem Wachstum in der Interphase befinden und der Anteil $U_2=0.1396$ der Individuen in der Mitose-Phase, berechnen. Bei stabilem

```
            MITOSE - INDEX BEI CHO-FIBROBLASTEN
                  (G.HAGEMANN,EXP.RADIOLOGIE)


       EINGABE

         ANZAHL DER COMPARTMENTS      2
         T-MAX                     15.00
         A-MAX                     29.50
         ZEITSCHRITT                 .10
         MATRIX R
         (REPRODUKTIONEN R(I,J)

                     0.00    1.00
                     2.00    0.00


       H IST EXPONENTIELL VERTEILT
         MATRIX P
         (PARAMETER FUER DIE VERTEILUNG VON H)

                     8.00    .60
                      .60    .60


       BERECHNETE PARAMETER

         STABILE RATE MY       .05935


       ANTEIL DER INDIVIDUEN IM STABILEN ZUSTAND

             .8604
             .1396


       ANZAHL DER RECHENGAENGE  1
```

Abb. 39. Computerausdruck der Wachstumsparameter zur Berechnung des Mitose-Indexes

Wachstum würden sich die Teilpopulationen und die Gesamt-Population exponentiell vermehren, der Mitose-Index wäre dabei zeitlich konstant und hätte einen Wert von MI=13.96%.

Bevor die durch die Synchronisation bedingten Anfangs-Altersdichten festgelegt werden, soll die Zykluszeitverteilung für das Interphasen-Modell angegeben werden. Dazu betrachten wir zunächst die Verteilungsdichten $h_i(a)$ der Aufenthaltszeiten in den einzelnen Compartments (siehe IV.4). Es ist

$$h_i(a) = \frac{d\,H_i(a)}{da} \quad \text{mit } H_i(a) = 1-G_i(a) \quad \text{und daher}$$

7.1.3
$$h_i(a) = \begin{cases} 0 & \text{für } 0 \le a < a_i \\ k_i \cdot \text{Exp}(-k_i(a-a_i)) & \text{für } a_i \le a < \infty \end{cases}$$

In Abb. 40a und Abb. 40b sind die Verteilungsdichten $h_i(a)$ und die Verteilungsfunktionen $H_i(a)$ für die einzelnen Compartments dargestellt.

Die Verteilungsdichte der Zykluszeit, also derjenigen Zeit, die eine Zelle benötigt um beide Zellzyklus-Phasen zu durchlaufen, kann nach IV.6 durch folgendes Faltungsintegral berechnet werden.

7.1.4
$$h(a) = \int_0^a h_2(a-x) \cdot h_1(x)\,dx$$

Da bei dem betrachteten Experiment der Interphasen-Tod vernachlässigt werden kann, ist die Ausscheidungsrate (siehe 7.1) $k_{io}(a)=0$, also gilt (siehe IV.4) für die Dichte $h_i(a)$ der Aufenthaltszeiten und die Dichte $f_{1_i}(a)$ der Generationszeiten $h_i(a) = f_{i}(a)$ und $c_i = 1$.

Für den speziellen Ansatz 7.1.3 und die Festsetzung $k=k_i$ sowie $a_o = a_1 + a_2$ kann das Faltungsintegral 7.1.4 direkt gelöst werden.

7.1.5
$$h(a) = \begin{cases} 0 & \text{für } 0 \le a < a_o \\ k^2 \cdot (a-a_o) \cdot \text{Exp}(-k \cdot (a-a_o)) & \text{für } a_o \le a < \infty \end{cases}$$

Die Verteilungsdichte der Zykluszeit $h(a)$ für das betrachtete Experiment ist in Abb. 41 dargestellt. Berechnen wir die Erwartungswerte $\bar{a}_i$ der Aufenthaltszeiten in den einzelnen Compartments sowie den Erwartungswert der Zykluszeit $\bar{a}$, dann gilt

$$\bar{a}_1 = a_1 + \frac{1}{k_1} = 9.7\ [h], \quad \bar{a}_2 = a_2 + \frac{1}{k_2} = 2.3\ [h] \text{ und}$$

$$\bar{a} = a_o + \frac{2}{k} = 12.0\ [h] \qquad \textit{mittlere Zykluszeit}$$

Die Tatsache, daß bei dem hier analysierten Synchronisations-Experiment (70), die Zykluszeit der CHO-Fibroblasten kürzer ist, als bei dem in III.6, Abb. 22, behandelten Experiment, kann auf unterschiedliche Versuchsbedingungen zurückgeführt werden (36).

Die mit der Methode der Simulation gefundenen kinetischen Parameter

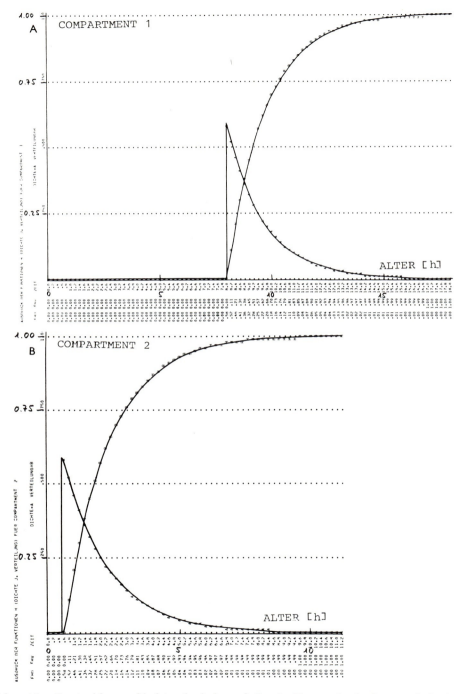

Abb. 40. Verteilungsdichte $h_i(a)$ und Verteilungsfunktion $H_i(a)$ für die Aufenthaltszeit in der Interphase (a) und in der Mitosephase (b)

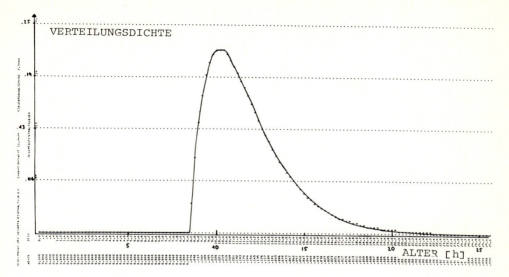

Abb. 41. *Verteilungsdichte h(a) der Zykluszeit für das Interphasenmodell*

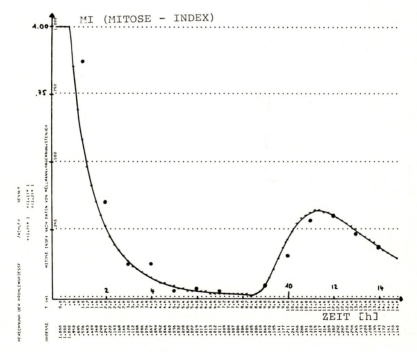

Abb. 42. *Gemessener und berechneter Mitose-Index bei CHO-Fibroblasten*

für das Experiment Abb. 42 sind damit ausführlich diskutiert. Zur numerischen Lösung der VON FOERSTER-Gleichungen 1.1 und 1.2 bei durch 7.1 und 7.2 gegebenen Verlust- und Produktionsraten ist die Vorgabe von Anfangs-Altersdichten $y_i(0,a)$ in den einzelnen Compartments notwendig. Diese Anfangs-Altersdichten müssen aus dem Experiment hergeleitet werden. Bei dem betrachteten Experiment (70) wurde die Synchronisation der CHO-Fibroblasten durch mechanische Selektion vorgenommen. Diese Selektion bewirkt, daß sich zum Zeitpunkt t=0 sämtliche Zellen in der Mitosephase befinden. Als Anfangs-Altersdichte 1.3 für die Interphase kann also vorausgesetzt werden

$$u_{10}(a) = 0 \text{ für alle } a \geq 0 \text{ und damit auch } Y_1(0) = 0.$$

Für das zweite Compartment, die Mitose-Phase, muß eine Verteilungsannahme getroffen werden. Wir setzen voraus

$$u_{20}(a) = \begin{cases} x_1 & \text{für } 0 \leq a < \frac{1}{x_1} \\ 0 & \text{für } \frac{1}{x_1} \leq a < \infty \end{cases} \quad \text{und damit } Y_2(0) = 1$$

und wählen den Wert $x_1 = 5$.

Mit diesen Anfangs-Altersdichten und den kinetischen Parametern 7.1.2 integrieren wir numerisch die Gleichungen 1.1 bis 1.3 und erhalten nach 1.9 das Zellzahlwachstum $Y_i(t)$ für die einzelnen Compartments, das nach 7.3 als Mitose-Index (Abb. 42) dargestellt wird.

IV.8 Markierungs-Experiment bei renalen Sarkomen

Markierungs-Experimente (81) werden durchgeführt, um differenziertere Compartment-Strukturen für den Zellzyklus quantitativ zu analysieren, als es z.B. das Interphasen-Modell darstellt. Im folgenden soll durch das 4-Phasen-Model (Abb. 43) ein Markierungs-Experiment bei renalen Sarkomen an Ratten (58) interpretiert werden.

Die Zykluszeit einer Zelle beginnt in der G_1-Phase mit der vollendeten Teilung ihrer Mutterzelle und endet in der Mitose-Phase mit der eigenen Teilung. Die Zelle durchläuft während ihres Daseins die vier in Abb. 43 dargestellten Zellzyklus-Phasen. In diesem Modell nehmen wir an, daß möglicherweise ein Reproduktiv-Tod durch $0 < r_{12} \leq 1$, $0 \leq r_{23} \leq 1$, $0 \leq r_{34} \leq 1$ und $0 < r_{41} \leq 2$ jedoch kein Interphasen-Tod $k_{io}(a) \equiv 0$ gegeben sein kann (siehe III.10).

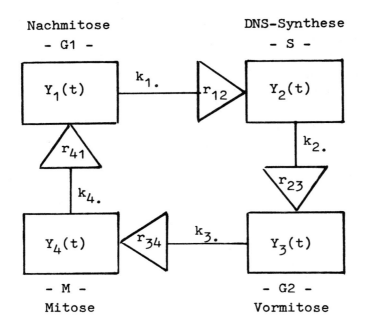

Abb. 43. Vier-Phasen-Modell für den Zellzyklus

Die funktionale Darstellung des altersabhängigen MALTHUS-Wachstums IV.4 ergibt sich aus 1.1 bis 1.3, falls die Verlust- und Produktionsraten folgendermaßen definiert sind.

8.1 *Verlustraten*

$$\lambda_i(t,a) = q_i \cdot k_{i.}(a) \quad \text{mit } q_i = 1 \text{ für } i=1,2,3,4.$$

8.2 *Produktionsraten*

$$\varphi_{12}(t,a) = r_{12} \cdot k_{1.}(a) \quad \text{mit } r_{12}=1$$
$$\varphi_{23}(t,a) = r_{23} \cdot k_{2.}(a) \quad \text{mit } r_{23}=1$$
$$\varphi_{34}(t,a) = r_{34} \cdot k_{3.}(a) \quad \text{mit } r_{34}=1$$
$$\varphi_{41}(t,a) = r_{41} \cdot k_{4.}(a) \quad \text{mit } r_{41}=2$$

Da für die hier nicht explizit angeführten Reproduktionen (siehe Abb. 44) stets gilt $r_{ij}=0$, folgt für die entsprechenden Produktionsraten gleichfalls $\varphi_{ij}(t,a)=0$ für alle $t \geq 0$ und alle $a \geq 0$.

Eine beobachtbare Zielgröße des Markierungs-Experiments sind die prozentualen markierten Mitosen (PLM). Sie kann formal dargestellt werden als

8.3 $$\text{PLM}(t) = \frac{Y_4^*(t)}{Y_4(t)+Y_4^*(t)}$$ *percentage labeled mitoses*

Die PLM ist der Quotient aus der Anzahl markierter Mitosezellen und der Gesamtzahl der Mitosezellen. Der zeitliche Verlauf der PLM soll experimentell Aufschluß über die Wachstumskinetik einer Zellpopulation geben.

IV.8.1 Prozentuale markierte Mitosen bei renalen Sarkomen

Als konkretes Beispiel betrachten wir ein Markierungsexperiment (58) bei renalen Sarkomen an Ratten. Die Wachstumskinetik dieser Sarkome soll anhand der experimentell ermittelten PLM-Kurve (Abb. 47) quantifiziert werden. Durch die Markierung der Sarkome mit ^{3}H-Thymidin wird das natürliche Wachstum der Sarkome nicht beeinträchtigt. Experimentell ist jedoch durch die Markierung die Möglichkeit gegeben, einerseits zwischen mitotischen und nicht-mitotischen Zellen und andererseits zwischen markierten und unmarkierten Zellen zu unterscheiden. Die Kinetik der markierten und der unmarkierten Zellen ist identisch. Da jedoch bei einmaliger Applikation der Markierung ausschließlich das S-Compartment markiert wird, ist ein Synchronisations-Effekt sowohl für die Population der markierten Zellen als auch für die Population der unmarkierten Zellen gegeben, der sich im charakteristischen zeitlichen Verlauf der PLM-Kurve manifestiert.

Abb. 44 zeigt den Computer-Ausdruck für die kinetischen Parameter der Sarkom - Wachstumskinetik, die durch Simulation so bestimmt wurden, daß die gemessene PLM-Kurve hinreichend gut mit der berechneten PLM-Kurve übereinstimmt (Abb. 47). Auf die numerische Problematik wird in IV.8.2 eingegangen.

Die Matrix der Reproduktionen r_{ij} wurde nach 8.2. eingegeben. Als Verteilungsdichte der Aufenthaltszeiten in den einzelnen Compartments wurde eine Log-Normalverteilung ohne Zeitverzögerung gewählt:

8.1.1 $$h_i(a) = \frac{1}{\sqrt{2\pi} \cdot \alpha_i \cdot a} \cdot \text{Exp}\left[-\frac{1}{2} \cdot \frac{(\ln(a)-\beta_i)^2}{\alpha_i^2}\right] \text{ für } 0 < a < \infty$$

Die Parameter α_i und β_i können durch den Erwartungswert $\hat{\mu}_i$ und die Standardabweichung σ_i der Log-Normelverteilung dargestellt werden.

```
4 - COMPARTMENT - MODELL FUER PLM-KURVEN
BEI RENALEN SARKOMEN (W.LANG,PATHOLOGIE)

EINGABE

  ANZAHL DER COMPARTMENTS     4
  T-MAX                   41.00
  A-MAX                   66.00
  ZEITSCHRITT               .25
  MATRIX R
  (REPRODUKTIONEN R(I,J))

          0.00   1.00   0.00   0.00
          0.00   0.00   1.00   0.00
          0.00   0.00   0.00   1.00
          2.00   0.00   0.00   0.00

  H IST LOG - NORMALVERTEILT
    MATRIX P
    (PARAMETER FUER DIE VERTEILUNG VON H)

              10.80  10.50
               7.80   2.60
               1.50   1.10
               1.50   1.40

BERECHNETE PARAMETER

  STABILE RATE MY      .03571

  ANTEIL DER INDIVIDUEN IM STABILEN ZUSTAND

          .5481
          .3372
          .0589
          .0558

  ANZAHL DER RECHENGAENGE  2
```

Abb. 44. Computerausdruck der Wachstumsparameter zur Berechnung der prozentualen markierten Mitosen

8.1.2 $\quad \alpha_i^2 = \ln(1 + \frac{\sigma_i^2}{\mu_i^2})$

$\beta_i = \ln(\hat{\mu}_i) - \alpha_i^2/2$

Die Erwartungswerte für die Aufenthaltszeiten $\hat{\mu}_1$=10.80 [h], $\hat{\mu}_2$=7.80 [h], $\hat{\mu}_3$=1.50 [h] und $\hat{\mu}_4$=1.50 [h] in den einzelnen Compartments, sowie die Standardabweichungen σ_1=10.5 [h], σ_2=2.60 [h], σ_3=1.10 [h] und σ_4=1.40 [h] wurden in das Programm eingegeben (Abb. 44). Durch diese Festlegung der kinetischen Parameter des Sarkom-Wachstums läßt sich nach IV.5 die stabile Rate des natürlichen Wachsums $\mu=0.0357$ [1/h] sowie der Anteil der Individuen berechnen, die sich im Zustand des stabilen Wachstums in den einzelnen Compartments befinden. So befinden sich z.B. stets $U_2=33.7\%$ der Zellen in der DNS-Synthese und $U_4=5.6\%$ der Zellen in der Mitose-Phase.

Die Verteilungsdichte $h_i(a)$ und die Verteilungsfunktion $H_i(a) = \int_0^a h_i(x)dx$ für die Aufenthaltszeiten a in den beiden ersten Compartments i=1,2 ist in Abb. 45a und Abb. 45b wiedergegeben. Die formelmäßige Darstellung der Verteilungsdichte h(a) der Zykluszeit für das 4-Phasen-Modell ist explizit nicht mehr möglich. Durch numerische Integration der Faltungsintegrale IV.6 kann ihre Berechnung jedoch durchgeführt werden (Abb. 46). Der Erwartungswert der Zykluszeit beträgt $\bar{a}=20.6$ [h] und die Standardabweichung der Zykluszeit $s=9.2$ [h].

Um den Markierungs-Effekt modellmäßig zu beschreiben, betrachten wir zur Zeit $t \geq 0$ zwei voneinander unabhängige Populationen, nämlich die Population der unmarkierten Zellen Y(t) mit den Teilpopulationen $Y_i(t)$ sowie die Population der markierten Zellen Y*(t) mit den Teilpopulationen $Y_i^*(t)$. Dabei ist

8.1.3
$$Y_i(t) = \int_0^\infty y_i(t,a)da \quad \text{und} \quad Y(t) = \sum_{i=1}^{4} Y_i(t)$$

$$Y_i^*(t) = \int_0^\infty y_i^*(t,a)da \quad \text{und} \quad Y^*(t) = \sum_{i=1}^{4} Y_i^*(t)$$

Da wir annehmen, daß die Markierung bei einmaliger Applikation zur Zeit t=0 in die S-Phase eingebaut wird und daß sich das Sarkom im Zustand des stabilen MALTHUS-Wachstums befindet, können wir nach Abb. 44 die Anfangswerte für die Teilpopulationen vorgeben.

$Y_1(0)=0.5481, \quad Y_2(0)=0.0000, \quad Y_3(0)=0.0589, \quad Y_4(0)=0.0558$

8.1.4
$Y_1^*(0)=0.0000, \quad Y_2^*(0)=0.3372, \quad Y_3^*(0)=0.0000, \quad Y_4^*(0)=0.0000$

Die Anfangs-Altersdichten $y_i(0,a)=Y_i(0) \cdot u_i(a)$ für die unmarkierten Zellen und $y_i^*(0,a)=Y_i^*(0) \cdot u_i^*(a)$ für die markierten Zellen können als stabil angesehen werden, so daß die Anfangs-Altersverteilungen $u_i(a)$

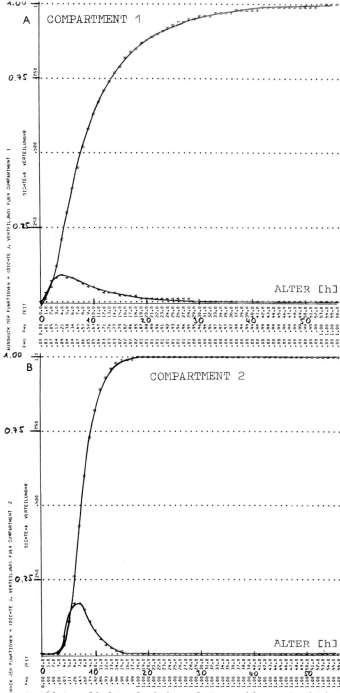

Abb. 45. *Verteilungsdichte $h_i(a)$ und Verteilungsfunktion $H_i(a)$ für die Aufenthaltszeit a in der G_1-Phase (a) und in der S-Phase (b)*

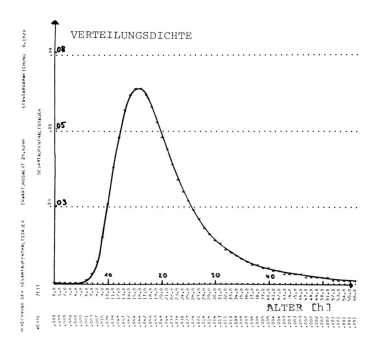

Abb. 46. Verteilungsdichte h(a) der Zykluszeit für das Vier-Phasen-Modell

und $u_i^*(a)$ nach IV.5 ohne zusätzliche Annahmen bestimmt werden können.

Zur mathematischen Interpretation des Markierungs-Experimentes ist es also nicht nötig, den Anfangs-Zustand der Populationen durch zusätzliche Parameter zu beschreiben, wie dies z.B. bei dem Synchronisations-Experiment IV.7.2 erforderlich war.

Unter Berücksichtigung der unterschiedlichen Anfangs-Altersdichten der markierten Zellen und der unmarkierten Zellen sowie der Voraussetzung, daß die kinetischen Parameter der beiden Populationen identisch sind, kann das Wachstum der beiden Populationen in zwei getrennten Rechenläufen nach 1.7 bestimmt und die PLM-Kurve nach 8.3 berechnet werden (Abb. 47).

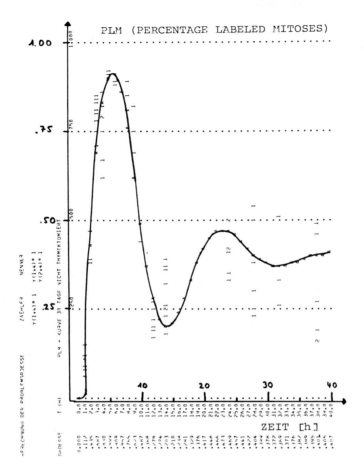

Abb. 47. Messung und Berechnung der prozentualen markierten Mitosen bei renalen Sarkomen an Ratten

IV. 8.2 Markierungs-Index und Mitose-Index

Alternativ zu der Messung der prozentualen markierten Mitosen wird bei Markierungs-Experimenten, insbesondere dann, wenn eine Dauerapplikation von ^{3}H-Thymidin vorgenommen wird (57), der sogenannte Markierungs-Index (labeling index) bestimmt (siehe auch II.4). Der Markierungs-Index ist der Quotient aus der Anzahl der markierten Zellen $Y^*(t)$ und der Gesamtzahl $Y(t)+Y^*(t)$ der vorhandenen Zellen.

8.2.1 $\qquad LI(t) = \dfrac{Y^*(t)}{Y(t)+Y^*(t)} \qquad\qquad labeling\ index$

Da der Markierungs-Index gleichzeitig mit den prozentualen markierten Mitosen ausgezählt werden kann, wäre es sowohl für die Verifizierung des Zellzyklus-Modelles als auch für die Quantifizierung der Modell-Parameter wünschenswert, wenn auch bei einmaliger Applikation des Markierungs-Stoffes gleichzeitig die PLM und der Markierungs-Index experimentell ermittelt würde. Die Simulation des Markierungs-Indexes für das in IV.8.1 behandelte Beispiel findet sich in Abb.48.

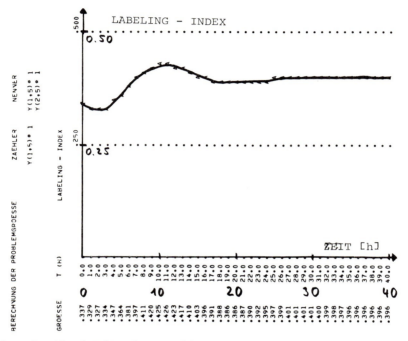

Abb. 48. Simulation des Markierungs-Indexes

Der Markierungs-Index gibt darüber Auskunft (siehe II.4), ob sich in einer Zellpopulation proliferierende und nicht proliferierende Zellen unterscheiden lassen. Die Tatsache, daß bei der vorliegenden Simulation (Abb. 48) der Markierungs-Index nach einer Einschwing-Phase, die in etwa einer mittleren Zykluszeit entspricht, zeitlich konstant wird, ist dadurch zu erklären, daß im Modellansatz IV.8 keine nicht-proliferierenden Zellen (Q-Compartments, siehe Abb. 4) berücksichtigt wurden. Unter Berücksichtigung nicht-proliferierender Zellen wird der Markierungs-Index monoton in der Zeit ansteigen (siehe II.4.2). Die experimentelle Messung des Markierungs-Indexes wird also eine zusätzliche Modell-Information liefern.

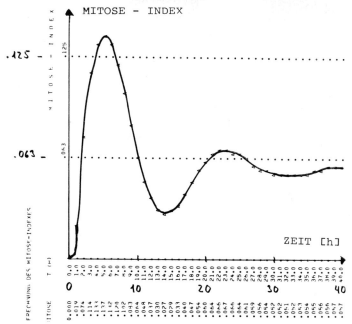

Abb. 49a. Mitose-Index der markierten Zellen

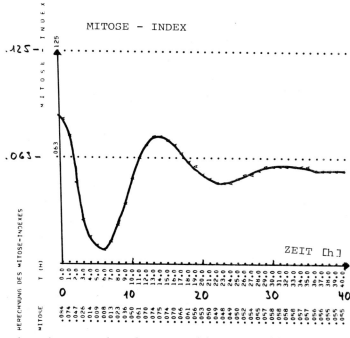

Abb. 49b. Mitose-Index der unmarkierten Zellen

Eine Ausschöpfung der experimentellen Möglichkeiten des Markierungs-Verfahrens bei einmaliger Applikation wird erreicht, wenn neben den genannten Messungen gleichzeitig der Mitose-Index der markierten und der unmarkierten Zellen ermittelt wird. Diese Mitose-Indizes können formal dargestellt werden durch

8.2.3 $\qquad MI(t) = \dfrac{Y_4(t)}{Y(t)}$ *Mitose-Index der unmarkierten Zellen*

8.2.4 $\qquad MI^*(t) = \dfrac{Y_4^*(t)}{Y^*(t)}$ *Mitose-Index der markierten Zellen*

Die Simulation der Mitose-Indizes findet sich in Abb. 49a und 49b. Eine gleichzeitige Messung von PLM, LI, MI und MI* wird die Information über die Zellkinetik also erheblich verbessern. Die simultane mathematische Berechnung dieser vier Kurven ist, wie gezeigt wurde, mit Hilfe numerischer Verfahren möglich. Eine Differenzierung der Compartment-Struktur des Vier-Phasen-Modells Abb. 43 in kompliziertere Zellzyklus-Modelle ist nur dann sinnvoll, wenn durch zusätzliche Messungen die für diese Modelle notwendigen zusätzlichen Wachstums-Parameter validiert werden können. Eine numerische Verbesserung kann erreicht werden, wenn die Modell-Parameter nicht durch Simulation, sondern durch Approximation bestimmt werden (etwa 25). Beruht diese Approximation auf Maximum-Likelihood-Schätzungen, dann wird es möglich, auch die Varianz der geschätzten Parameter zu ermitteln und somit Aussagen über die Relevanz dieser Parameter innerhalb des Modells zu treffen.

IV.9 Weitere Anwendungen

Durch die allgemeinen VON FOERSTER-Gleichungen 1.1 bis 1.3 und die Abbildung dieses funktionalen Zusammenhangs auf beliebige Multi-Compartment-Strukturen können populationskinetische Prozesse, die bisher (siehe II) durch Systeme gewöhnlicher Differentialgleichungen beschrieben wurden, auf den Fall der Altersabhängigkeit übertragen werden.

Der Anwendungsbereich der in dieser Schrift hergeleiteten mathematischen Methoden bezieht sich also auf

$\qquad$ *ungeschlechtliche Vermehrung* (Zellpopulations-Kinetik)
$\qquad$ *geschlechtliche Vermehrung* (Bevölkerungsmodelle)

Eliminations-Prozesse (Pharmakokinetik)
Modelle für konkurrierende Populationen und
Epidemiemodelle.

Da für die Medizin die Analyse der Zellkinetik des Tumorwachstums
von besonderem Interesse ist, wurde der Schwerpunkt der Anwendungen in dieser Schrift auf die Darstellung und Interpretation von
Synchronisations-Effekten in der Wachstumskinetik gelegt. Es wurde
gezeigt, daß diese Effekte nur durch die Einführung von Altersstrukturen mathematisch definiert und erklärt werden können.

Der VON FOERSTER-Ansatz kann jedoch auch in der Pharmakokinetik angewendet werden, in der ähnliche Effekte beobachtet werden. Betrachtet man das Multi-Compartmentmodell Typ A (siehe IV.2) und setzt die
Sterblichkeiten $q_{ij}=1$ und die Reproduktionen $r_{ij}=1$, dann sind die
Verlustraten und die Produktionsraten gegeben durch

$$\lambda_i(t,a) = \sum_{j=0}^{n} k_{ij}(t,a) \qquad \textit{Verlustraten}$$

$$\varphi_{ij}(t,a) = k_{ij}(t,a) \qquad \textit{Produktionsraten}$$

Durch die Gleichungen 1.1 bis 1.3 können damit beliebige pharmakokinetische Prozesse dargestellt werden.

Betrachten wir zeit- und altersunabhängige Übergangsraten $k_{ij}(t,a)=k_{ij}$
und vernachlässigen den Fall der Rezirkulation $k_{ii}=0$, dann folgt
aus 1.10 der allgemeine Ansatz der Pharmakokinetik (siehe 26) für Multi-Compartmentsysteme mit Reaktionen erster Ordnung.

$$\hat{Y}_i(t) = \sum_{\substack{j=1\\j\neq i}}^{n} k_{ij} \cdot Y_j(t) - \sum_{\substack{j=0\\j\neq i}}^{n} k_{ij} \cdot Y_i(t)$$

Die Betrachtung altersabhängiger Übergangsraten $k_{ij}(t,a)=k_{ij}(a)$ unter Berücksichtigung der Rezirkulation $k_{ii}(a) \geq 0$ gestattet die mathematische Interpretation sogenannter Auswaschkurven (21) in der Pharmakokinetik. Hier wird die Arzneimittel- oder Tracer-Rezirkulation
im menschlichen Organismus gemessen, wobei das Alter a als Rezirkulationszeit interpretiert werden kann. Durch die mathematische Analyse der Auswaschkurven, die analog zu dem in IV.8 behandelten Markierungs-Experiment vorgenommen werden kann, kann die Aufenthalts-

zeit-Verteilung eines Pharmakons oder eines Tracers im menschlichen Organismus quantifiziert werden.

Die altersabhängige Darstellung von kinetischen Reaktionen und Wechselwirkungen beliebiger Ordnung kann durch die Gleichungen 1.1 bis 1.3 vorgenommen werden, wenn die Übergangsraten von der Altersdichte oder der Individuen-Zahl in den einzelnen Compartments abhängig gemacht werden.

$$k_{ij}(t,a) = k_{ij}(t,a;y_\nu,Y_\nu) \qquad \text{für Modell-Typ A}$$

$$k_{i.}(t,a) = k_{i.}(t,a;y_\nu,Y_\nu) \qquad \text{für Modell-Typ B}$$

Betrachtet man etwa die zweigeschlechtliche Vermehrung in II.5 altersabhängig, dann kann die Fertilitätsrate $k_{1.}(t,a)$ der weiblichen Individuen von der Altersdichte der männlichen Individuen abhängig gemacht werden, in der Form

$$k_{1.}(t,a) = c_1(a) \cdot y_2(t,a) \qquad \text{mit } c_1(a) \geq 0.$$

Außerdem können durch 1.1 bis 1.3 auch die VOLTERRA-Modelle für den Kampf ums Dasein auf den Fall der Altersabhängigkeit übertragen werden. Bei diesen Modellen für konkurrierende Populationen (siehe II.6) kann die Zeit- und Altersabhängigkeit durch den Ansatz

$$k_{ij}(t,a) = \sum_{\nu=1}^{n} c_{ij\nu}(a) \cdot y_\nu(t,a) \qquad \text{mit } c_{ij\nu}(a) \geq 0$$

oder durch Ansatz

$$k_{ij}(t,a) = \sum_{\nu=1}^{n} C_{ij\nu}(a) \cdot Y_\nu(t) \qquad \text{mit } C_{ij\nu}(a) \geq 0$$

erklärt werden, je nachdem, ob die Wechselwirkung zwischen den Teilpopulationen altersabhängig oder altersunabhängig ist. Damit eignet sich die in dieser Arbeit hergeleitete Darstellung der altersabhängigen populationskinetischen Prozesse auch zur Verallgemeinerung der Kinetik von Infektionskrankheiten und Epidemien (4) auf solche Anwendungen, bei denen eine Latenzzeit in den einzelnen Krankheitsstadien berücksichtigt werden muß.

V. Literaturhinweise

1. *Anderson, R.M.* (1976): Some simple models of the population dynamics of euraryotic parasites. Lecture Notes Biomathematics, Springer, 11, 16-57.
2. *Andreef, M.* (1977): Zellkinetik des Tumorwachstums. Thieme Copythek, Stuttgart.
3. *Ashihara, T.* (1973): Computer optimization of the fraction of labeled mitoses analysis using the fast Fourier Transformation. Cell. Tissue Kinet. 6, 447-453.
4. *Bailey, N.T.J.* (1975): The mathematical theory of infections diseases and its applications. Griffin, London, 2nd ed.
5. *Barrett, J.C.* (1966): A mathematical model for the mitotic cycle and its application to the interpretation of percentage labeled mitoses data. J. Nat. Cancer Inst. 37, 443-450.
6. *Barrett, J.C.* (1974): Parity models of cell proliferation. J. theory. Biol. 44, 319-336.
7. *Bartlett, M.S. and Hiorns, R.W. (Ed.)* (1973): The mathematical theory of the dynamics of biological populations. Academic Press, London.
8. *Bellman, R. and Harris, Th.* (1948): On the theory of age-dependent stochastic branching processes. PNAS 34, 601-604.
9. *Bellman, R. and Cooke, K.L.* (1963): Differential-difference equations. Academic Press, New York.
10. *Berkson, J.* (1944): Application of the logistic function to bioassay. J. Amer. Stat. Ass. 39, 357-365.
11. *Bharucha-Reid, A.T.* (1960): Elements of the theory of Markov Processes and their applications. McGraw Hill, New York.
12. *Brockwell, P.J.; Trucco, E. and Frey, R.J.M.* (1972): The determination of cell cycle parameters from measurements of the fraction of labeled mitoses. Bull. Math. Biophys. 34, 1-12.
13. *Bundesministerium für Gesundheit* (1968): Das Gesundheitswesen der Bundesrepublik Deutschland. Kohlhammer, Stuttgart, Bd. I-III.
14. *Chiang, C.L.* (1968): Introduction to stochastic processes in Biostatistics. Wiley, New York.
15. *Cox, D.R.* (1970): The analysis of binary data. Methuen, London.
16. *Deakin, A.S.* (1975): Model for the growth of a solid in vitro tumor. Growth 39, 159-165.
17. *Dietz, K.* (1976): The transmission dynamics of some helmintic diseases. Proc. 9th Int. Biometric Conf. Boston, 2, 175-188.
18. *Dietz, K.* (1976): The influence of infections diseases under the influence of seasonal fluctuations. Lecture Notes Biomathematics, 11, 1-15.
19. *Dombernowsky, P.; Bichel, P. and Hartmann, N.R.* (1973): Cytokinetic analysis of the JB-1 ascites tumor at different stages of growth. Cell Tissue Kinet. 6, 347-357.
20. *Dost, F.H.* (1968): Grundlagen der Pharmakokinetik. Georg Thieme, Stuttgart, 2. Auflage (1. Aufl. 1953).
21. *Doyle, J.T.; Wilson, J.S. and Lépine, Ch.* (1953): An evaluation of the measurement of the cardiac output and of the so called pulmonary blood volume by the dye-dilution method. J. Labor. Clin. Medicine, St. Louis, vol. 41, 1, 29-39.
22. *Dubin, N.* (1976): A stochastic model for immunological feedback in carcinogenesis. Lecture Notes Biomathematics, Springer, No. 9.
23. *Feichtinger, G.* (1971): Stochastische Modelle demographischer Prozesse. Lecture Notes in Operations Research and Mathematical Systems, Springer.

24. *Feichtinger, G. und Deistler, M.* (1973): Bemerkungen über lineare Modelle der Populationsdynamik. Methods of Operations Research, Hain, Meisenheim, 15, 40-62.
25. *Feldmann, U.* (1973): Nichtlineare diskrete Approximation mit Lösungen von Operatorgleichungen und ihre Anwendung auf pharmakokinetische Modelle. Dissertation, TU Hannover.
26. *Feldmann, U. und Schneider, B.* (1976): A general approach to multicompartment analysis and models for the pharmacodynamics. Lecture Notes Biomathematics, Springer, No. 11, 243-281.
27. *Feldmann, U.; Hagemann, G. und Renner, H.* (1976): Zellpopulationskinetik in Experiment und Klinik. Vorlesung Nr. 335, gehalten an der Medizinischen Hochschule Hannover WS 76/77.
28. *Feller, W.* (1939): Die Grundlagen der Volterraschen Theorie des Kampfes ums Dasein in wahrscheinlichkeitstheoretischer Behandlung. Acta Biotheoretica 5, 11-40.
29. *Feller, W.* (1941): On the integral equation of renewal theory. Ann. Math. Statist., 12, 243-267.
30. *Feller, W.* (1957): An introduction to the probability theory and its applications. Wiley, New York, Vol. I/II.
31. *Fisz, M.* (1971): Wahrscheinlichkeitsrechnung und mathematische Statistik. VEB Deutscher Verlag der Wissenschaften, Berlin.
32. *Foerster, H. v.* (1959): Some remarks on changing populations. In "The Kinetics of Cellular Proliferation". Editor: Stohlmann, T. Grune and Stratton, 382-402.
33. *Galton, F. and Watson, H.W.* (1875): On the probability of the extinction of families. J. Anthropol. Soc. London, 4, 138-144.
34. *Gilbert, C.W.* (1972): The labeled mitoses curve and the estimation of the parameters of the cell cycle. Cell Tissue Kinet., 5, 53-63.
35. *Hagemann, G.* (1973): Reproduktiv-Tod, Interphasen-Tod und Populationskinetik überlebender Hamsterzellen in vitro während 48 Stunden nach Röntgenstrahlendosen bis 800 Rad. Strahlentherapie 145, 4, 456-473.
36. *Hagemann, G.* (1974): Persönliche Mitteilung. Medizinische Hochschule Hannover, Department Radiologie.
37. *Hagemann, G.* (1976): Reproduktivtod und Populationskinetik überlebender Hamsterzellen in vitro während 48 Stunden nach Röntgenstrahlendosen bis 800 Rad (II. Mitteilung). Strahlentherapie 151, 2, 118-131.
38. *Hahn, G.M.* (1967): Cellular kinetics, cell cycles and cell killing. Bull. Math. Biophysics 4, 1-14.
39. *Hahn, G.M.* (1970): A formalism describing the kinetics of some mammalian cell populations. Math. Biosciences 6, 295-304.
40. *Harris, Th.* (1963): The theory of branching processes. Springer, Prentiss-Hall.
41. *Hartwich, G. (ed)* (1976): Synchronisationsbehandlung maligner Tumore. Perimed. Verlag, Dr.med. Straube, Erlangen.
42. *Heiden, U. An der* (1977): Differentialgleichungen mit Verzögerungen in der Biologie. Vortrags-Manuskript, 23. Biometrisches Kolloquium, Nürnberg 1977 (erscheint demnächst).
43. *Hirsch, H.R. and Engelberg, J.* (1966): Decay of cell synchronization: solutions of the cell-growth equation. Bull. Math. Biophysics 28, 391-409.
44. *Howard, A. and Pelc, S.R.* (1953): Synthesis of desoxyribonucleic acid in normal and irradiated cells and its relation to chromosome breakage. Herredity 6, Suppl. 261-273.
45. *Hughes, W.H.* (1955): The inheritance of differences in growth rate in Escherichia coli. J. Gen. Microbiol. 12, 265-272.
46. *Itô, K.* (1951): On stochastic differential equations. Mem. Amer. Math. Soc. No. 4.

47. *Jagers, P.* (1975): Branching processes with biological applications. Wiley, New York.
48. *Josifescu, M. and Tautu, P.* (1973): Stochastic processes and applications in Biology and Medicine. Springer, Heidelberg.
49. *Keiding, N.* (1976): Population growth and branching processes in random invironments. Proc. 9th Int. Biometric Conf. Boston, 2, 149-165.
50. *Keyfitz, N.* (1968): Introduction to the mathematics of population. Addison-Wesley, Reading Mass.
51. *Killander, D. and Zetterberg, A.* (1965): The quantitative cytochemical investigation of the relationship between cell mass and initiation of DNA synthesis in mouse fibroblast in vitro. Exp. Cell Res. 40, 12-20.
52. *Kretschmann, H.J. und Wingert, F.* (1971): Computeranwendungen bei Wachstumsproblemen in Biologie und Medizin. Springer, Heidelberg.
53. *Kubitschek, H.E.* (1962): Normal distribution of cell generation rate. Exp. Cell Res. 26, 439.
54. *Kubitschek, H.E.* (1967): Cell generation times; ancestral and internal controls. Proc. 5th Berkeley Symp. Math. Statist. Prob. 4, 549-572.
55. *Kubitschek, H.E.* (1971): The distribution of cell generation times. Cell Tissue Kinet. 4, 113-122.
56. *Lala, P.K. and Patt, H.M.* (1966): Cytokinetic analysis of tumor growth. Proc. Nat. Acad. Sci. USA, 1735-1741.
57. *Lang, W.; Herrmann, H. and Georgii, A.* (1975): Analysis of continuous labeling data by a simple stochastic method. In "Mathematical models in cell kinetics". European. Press Medikon, Ghent Belgium, 37-39.
58. *Lang, W.; Zobl, H. und Georgii, A.* (1978): The effect of neonatal thymectomy on the growth kinetics of a virus-induced renal sarcoma of the rat. Europ. J. Cancer, 14, 431-437.
59. *Lang, W.* (1976): Persönliche Mitteilung. Medizinische Hochschule Hannover, Department für Pathologie.
60. *Lebowitz, J.L. and Rubinow, S.I.* (1974): The theory of the age and generation time distribution of a microbial population. J. Math. Biology 1, 17-36.
61. *Lefkovitch, L.P.* (1965): An extension of the use of matrices in population mathematics. Biometrics 21, 1-18.
62. *Lefkovitch, L.P.* (1966): A population growth model incorporation delayed responses. Bull. Math. Biophysics 28, 219-233.
63. *Leslie, P.H.* (1945): On the use of matrices in certain population mathematics. Biometrika 33, 183-212.
64. *Lotka, A.J.* (1925): Elements of physical biology. Williams and Wilkins Comp., Baltimore.
65. *Lotka, A.J.* (1956): Elements of mathematical biology. Wiley, New York.
66. *Macdonald, P.D.M.* (1970): Statistical influence from the fraction labeled mitoses curve. Biometrika 57, 489-503.
67. *Malthus, T.R.* (1798): An essay on the principle of population, as it affects the future improvements of society, with remarks on the speculations of Mr. Godwin, Mr. Condorcet and other writers. John Murray, London 1st. ed. 1798 (5th.ed. 1817).
68. *Mardia, K.V.* (1970): Families of bivariate distributions. Griffin Statist. Mon. No. 27.
69. *Martinez, H.M.* (1966): On the derivation of a mean growth equation for cell cultures. Bull. Math. Biophysics 28, 411-416.
70. *Mellmann, J.R.; Hagemann, G. and Stender, H.St.* (1974): Reproductive letal damage of DNA-synthesis outset and its influence on colony population kinetics. Lecture Note 5th Int. Congress of Radiation Research, Seattle.

71. *Mendelsohn, M.L.* (1960): The growth fraction: A new concept applied to tumors. Science 132, 1496-1499.
72. *Mendelsohn, M.L. and Takahashi, M.* (1971): A critical evalution of the fraction of labeled mitoses method as applied to the analysis of tumor and other cell cycles. The Cell Cycle and Cancer, Dekker, New York, 58-95.
73. *Neyman, J. and Scott, E.L.* (1967): Statistical aspect of the problem of carcinogenesis. Proc. 5th Berkeley Symp. Math. Statist. Prob. 4, 745-776.
74. *Norrby, K.; Johanisson, G. and Mellgreen, J.* (1967): Proliferation in an established cell line. An analysis of birth, death, and growth rates. Exp. Cell Res. 48, 582-594.
75. *Oldfield, D.G.* (1966): A continuity equation for the cell population. Bull. Math. Biophysics 28, 545-554.
76. *Painter, P.R. and Marr, A.G.* (1968): Mathematics of microbial populations. Ann. Rev. Microbiol. 22, 519.
77. *Pearl, R. and Reed, L.J.* (1920): On the rate of growth of the population of the United States since 1790 and its mathematical representation. Proc. Nat. Acad. Sci. USA, 6, 273-288.
78. *Powell, E.O.* (1958): An outline of the pattern of bacterial generation times. J. gen. Microbiol. 18, 382-396.
79. *Powell, E.O.* (1969): Generation times of bacteria: Real and artifical distributions. J. gen. Microbiol. 58, 141.
80. *Pujara, C.M. and Whitmore, G.F.* (1970): An experimental investigation of the division probability model for cell growth. Cell Tissue Kinet. 3, 99-118.
81. *Quastler, H. and Sherman, E.G.* (1959): Cellpopulation kinetics in intestinal epithelium of mice. Exp. Cell. Res. 17, 420-438.
82. *Rescigno, A. and Segre, G.* (1966): Drug and tracer kinetics. Blaisdell, Mass.
83. *Rittgen, W. and Tautu, P.* (1976): Branching models for the cell cycle. Lecture Notes Biomathematics, Springer, 11, 109-126.
84. *Romahn, H.B.* (1974): Unveröffentlichte Daten. Medizinische Hochschule Hannover, Department Radiologie.
85. *Romahn, H.B.* (1978): Populationskinetik proliferierender CHO-Fibroblasten nach Pseudopodien - Partialbestrahlung mit Argon-Ionen-Laser. Dissertation, Medizinische Hochschule Hannover.
86. *Roti Roti, J.L. and Okada, S.* (1973): A mathematical model of the cell cycle of L5178Y. Cell Tissue Kinet. 6, 111-124.
87. *Rubinow, S.L.* (1968): A maturity-time representation for cell populations. Biophys. J., 8, 1055.
88. *Schneider, B.* (1964): Probitmodell und Logitmodell in ihrer Bedeutung für die experimentelle Prüfung von Arzneimitteln. Antibiotica et Chemotherapia, Karger Basel, 12, 271-286.
89. *Schneider, B.* (1966): Versuch einer medizinischen Kybernetik. Method. Inform. Med., Vol. 5, 3, 128-135.
90. *Schneider, B.* (1974): Das Wachstum von Populationen. Unveröffentlichtes Manuskript, Medizinische Hochschule Hannover.
91. *Steel, G.G. and Hanes, S.* (1971): The technique of labeled mitosis: Analysis by automatic curve fitting. Cell Tissue Kinet. 4, 93-105.
92. *Steel, G.G.* (1972): The cell cycle in tumors: An examination of data gained by the technique of labeled mitoses. Cell Tissue Kinet. 5, 87-100.
93. *Takahashi, M.* (1968): Theoretical basis of cell cycle analysis II. Further studies on labeled mitosis ware method. J. theor. Biol. 18, 195-209.

94. *Toellner, D.; Hagemann, G. und Stender, H.St.* (1973): Der Einfluß ionisierender Strahlen auf die Koloniegrößenverteilung von CHO-Fibroblasten. Strahlentherapie 145, 604-611.
95. *Toellner, D.* (1974): Unveröffentlichte Daten. Medizinische Hochschule Hannover, Department Radiologie.
96. *Toellner, D.; Nachtegal, H.; Hagemann, G. und Deinhardt, H.* (1975): Koloniegrößenspektren von 60Co-Camma-bestrahlten CHO-Fibroblasten nach Einfrier-Auftauzyklen. Strahlentherapie 149, 5, 520-527.
97. *Toellner, D.* (1977): Verteilungsmessungen von Koloniegrößen zum Nachweis cytogenetischer Schäden durch Röntgenstrahlen und Cytostatica. Habilitationsschrift, Medizinische Hochschule Hannover.
98. *Trucco, E.* (1965): Mathematical models for cellular systems. Part I: The von Foerster equation. Bull. Math. Biophysics 27, 285-304.
99. *Trucco, E. and Brockwell, P.J.* (1968): Percentage labeled mitosis curves in exponentially growing cell populations. J.Theor. Biol. 20, 321-337.
100. *Tuckwell, H.C.* (1974): A study of some diffusion models of population growth. Theor. Pop. Biol., 5, 345-357.
101. *Verhulst, P.F.* (1838): Notice sur la loi que la population suit dans son accroissement. Correspondance mathématique et physique, publiée par A. Quetelet (Tome X, 113-121).
102. *Volterra, V.* (1931): Lecons sur la théorie mathématique de la lutte pour la vie. Gauthier-Villars, Paris.
103. *Yule, G.U.* (1925): The growth of population and the factors which control it. J. Roy. Statist. Soc. 88, 1-58.

VI. Zusammenfassung

Die vorliegende Monographie soll einen konstruktiven Zugang zur strukturellen und funktionalen Beschreibung altersabhängiger populationskinetischer Prozesse aufzeigen.

Die bekannten mathematischen Modelle zur Wachstumskinetik bei geschlechtlicher und ungeschlechtlicher Fortpflanzung, zur Pharmakokinetik sowie zur *Volterra*'schen Theorie des Kampfes ums Dasein werden mit Hilfe eines neueren mathematischen Ansatzes, der auf *H. von Foerster* zurückgeht, auf den Fall der Altersabhängigkeit übertragen. Die Verbindung zur klassischen Theorie der Verzweigungs- und Erneuerungsprozesse wird hergestellt.

Gleichzeitig wird der Realitätsbezug zwischen mathematischem Modell und biologischem Experiment an vielen Beispielen demonstriert. Altersabhängige Wachstumseffekte, die in der Medizin einerseits zur experimentellen Analyse der Zellkinetik des Tumorwachstums und andererseits zur klinischen Therapie von Tumoren ausgenutzt werden, werden in dieser Arbeit mathematisch definiert und zur Interpretation konkreter Synchronisations-Experimente herangezogen.

Die angewandte Methodik kann als eine Verallgemeinerung der in der Pharmakokinetik bekannten Compartment-Theorie auf altersabhängige populationskinetische Prozesse aufgefaßt werden. Sie berücksichtigt kinetische Reaktionen und Wechselwirkungen beliebiger Ordnung sowie den stochastischen Effekt der Populationskinetik.

VII. Schlagwort-Katalog

A

Alter 19
Altern 43,89
Altersdichte-Funktion 51,95
altersspezifische Absterberate
   51,83,91
altersspezifische Geburtenrate
   51,84,91
Anfangs-Altersdichte 50,64
Asymptotisch stabil 69
Aufenthaltszeit 18,95
Aufenthaltszeit-Verteilung 18,
   57,24
Ausscheidungsraten 98

B

BELLMAN-HARRIS Integralgleichung 53
Bestrahlung 77

C

CHO-Fibroblasten 41
Compartment 5

D

Differential-Differenzengleichung 40,55
DNS-Synthese 7

E

Ein-Compartmentmodell 40
ergodisches Verhalten 69,106
Erneuerungsgleichung 52,84,97
exponentialverteilt 19,26
Exponentialverteilung 111
exponentielles Wachstum 16,
   70,78

F

Fertilitätsrate 33
Funktional-Differentialgleichung
   40

G

GALTON-WATSON-Prozess 43,89
Gamma-Verteilung 58,61,111
Generationsrate 16,51,98
Generationszeit 18
Generationszeit-Verteilung 20,
   57,58
Gesamt-Aufenthaltszeit 107
Gesamtpopulation 95
geschlechtliche Vermehrung 33,
   88,126

H

Halbwertszeit 22

I

Individuen 1,4
Individuen-Produktion 96
Individuen-Verlust 96
Interphasenmodell 6,26,109
Interphasentod 77,109,116

K

Kampf ums Dasein 39
Kohorten 24
Koloniegrößen-Spektrum 41,80
konkurrierende Populationen
   36,127

L

Labeling-Index 12,31,123
Lebenstafel 52,57,84,97,102

Lebenszyklus 107
Leslie-Matrix 46
Log-logistische Verteilung 59, 111
Log-Normalverteilung 58,111,118
logistisches Wachstum 15,22
Logits 22
LOTKA'sche Erneuerungsgleichung 52,84,97

M

MALTHUS-Modell 102
MALTHUS-Wachstum 15,16,26,50
Markierungs-Effekt 120
Markierungs-Experiment 116
Markierungs-Index 28,31,123
Markierungs-Verfahren 11,94
MARKOFF-Eigenschaft 45
mathematisches Modell 2
mediane Aufenthaltszeit 19,25
mediane Generationszeit 21,61
Mehr-Typen-Population 11
Meßgröße einer Population 4
Mitose 7
Mitose-Index 110,115,125,126
mittlere Aufenthaltszeit 19, 108,119
mittlere Generationszeit 21, 61
mittlere Zykluszeit 113,180
Mortalitätsrate 16,51
Müttersterblichkeit 34,90,91
Multi-Compartmentmodell 93

N

Nachmitose 7
Normalverteilung 58

P

P-Zellen 28

Parasiten-Wirts-Verhältnis 38
partielle Differentialgleichung 50
percentage labeled mitoses 12, 118
Pharmakodynamik 1
Pharmakokinetik 1,5,92,127
Population 1,4
Populationsdynamik 1
Populationskinetik 1
Populationsmatrix 46
Produktionsrate 95,100,101
Projektionsmatrix 46,90
Proliferations-Fraktion 8,28,30
proliferierende Zellen 8,28,124
prozentuale markierte Mitosen 117,123

Q

Q-Compartment 8
Q-Zellen 28

R

Räuber-Beute-Verhältnis 36
Reproduktion 16,51,99,101
reproduktiver Tod 77,109,116
retardierte Differentialgleichung 40
reziproke Normalverteilung 58
Rezirkulation 92,127

S

Sarkom-Wachstum 120
Schwesterzellen 10
stabile Altersverteilung 65,106
stabile Rate des natürlichen Wachstums 66,105,111,120
stabiles Wachstum 27,65,68,85 104,112
Sterbetafel 52,57,84,97,102

Sterblichkeit 99,101
stetiges Modell 41
stochastische Abhängigkeit 86
stochastische Differentialgleichungen 40
stochastische Simulation 66,80,
  82
stochastischer Effekt 40
stochastisches Modell 42
stochastisches Wachstum 65
Strukturmodelle 4
Subpopulation 95
Symbiose-Verhältnis 36
Synchronisation 73,81,104
Synchronisations-Effekt 74,118
Synchronisations-Experiment 93,
  109
Synchronisations-Therapie-
  Schema 2

T

TAYLOR-Entwicklung 49
Teilpopulation 5

U

Unabhängigkeit 88
Unabhängigkeitsannahme 45

V

Verdopplungszeit 17,69
VERHULST-Wachstum 15,21,84
Verlustrate 15,100
Verteilungsdichte 19
Verteilungsfunktion 19
Verzweigungsprozeß 41,44
Vier-Phasen-Modell 9,117
VON FOERSTER-Ansatz 50,95
Vormitose 7,117

W

Wachstumsrate 16

X

x^2-Typ-Verteilung 58

Z

Zeitintervall 48
Zeitverzögerung 55,59,111
Zellalter 19
Zellgeneration 9
Zellproduktion 16,50
Zellteilungsrate 75
Zellverlust 16,50
Zellzyklus 6
Zellzyklusmodelle 8
Zufallseffekt 41
Zustandsgröße 5
Zykluszeit 57,107,120
Zykluszeitverteilung 107,112